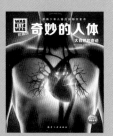
未来能源

探索月球

神奇地球

神秘机器人

奇妙的人体

深海之谜

太空之旅

走进热带雨林

宇宙中的星体

伟大的发明

神奇的火车

沙漠之旅

显微镜探秘

野生动物

奇趣萌宠

鸟类不简单

神秘的古埃及

印第安人

伟大的探险家

未来世界

蛇的故事

考古探秘

马的生活

舞蹈的魅力

生物质资源

石器时代

第一辑·全10册

第二辑·全10册

第三辑·全10册

第四辑·全10册

第五辑·全10册

第六辑·全10册

第七辑·全8册

WAS
IST
WAS

学习源自好奇 科学改变未来

WAS
IST
WAS
珍藏版

鲸和海豚
海洋里的哺乳动物

[德] 曼弗雷德·鲍尔／著　张淑惠／译

航空工业出版社

方便区分出不同的主题！

真相大搜查

30

蓝鲸是地球上有史以来最庞大的动物，它们是"无齿"之徒，那它们吃些什么呢？

蓝 鲸

体长	长达33米
重量	重达200吨
速度	达每小时50千米
寿命	50岁以上
食物	浮游生物、磷虾和小型鱼类
天敌	虎鲸
居住水域	各大洋均有分布
生物分类亚目	须鲸

专访？好啊！但拜托别再问我体重的问题……我一点也不重！

46

符号箭头▶
代表内容特别有趣！

44

36 团体生活有很多好处，聪明的海豚也知道。

鲸的生活一点也不好过，人类的大型船只逼得它们陷入困境。

39 多么特别的鼻子！海洋里有海豚，淡水河里也有海豚。

48 / 名词解释

重要名词解释！

我的好友：杀人鲸

海洋生物学家英格丽特·韦塞博士成立虎鲸研究中心，专门研究新西兰的虎鲸，致力于虎鲸保护。韦塞博士是世界知名的虎鲸专家，她的研究区域遍及阿根廷、巴布亚新几内亚、阿拉斯加、加拿大，甚至远达南极洲，这些地区都需要她的专业支援。

英格丽特·韦塞从小就非常喜欢观察黑白配的虎鲸，当时她只能站在海滩上遥望远处的虎鲸，如今身为海洋生物学家的她，偶尔能游弋在鲸群中。她对于新西兰海域的每一头虎鲸都如数家珍，这些虎鲸对英格丽特也非常熟悉。

每当"虎鲸紧急电话"铃声响起，英格丽特的心里往往会七上八下，猜想是好消息还是紧急情况。人们只要在海岸附近远远看到虎鲸的身影，就会马上打电话给她。英格丽特挂断电话后，也会立刻搭乘汽艇出发，她对当地地形了如指掌，熟知汽艇可以下水的每一处地方，她准备在大海中寻找虎鲸，想知道虎鲸们是否安好，它们的虎鲸宝宝是不是都平安。不过，英格丽特每次看到虎鲸，都对它们身旁发现的塑料袋等物品感到忧虑。她知道新西兰虎鲸是捕猎高手，为了避开魟

英格丽特并不孤单，她有很多志同道合的同伴，都是她保护虎鲸的好帮手。

鱼的毒刺攻击，虎鲸会采取分工合作的捕猎方式，先由一头虎鲸精准地咬住魟鱼的尾部尖端，再让同伴撕咬其余部位。

就像虎鲸信任英格丽特一样，英格丽特也信任虎鲸，甚至会与它们同游。对此，许多人无法理解，因为虎鲸又称杀人鲸。"它们有杀人鲸之称，是因为它们会杀死其他鲸并吃掉对方，而不是因为攻击人类。"英格丽特·韦塞说道。

研究人员可以从鲸的背鳍、尾鳍以及身上的黑白图案区分鲸的种类。

新西兰的近海仅剩约两百头虎鲸，英格丽特和她的工作小组成员对它们都有深刻的了解。这头虎鲸正和工作人员打招呼，甚至让她抚摸。

看到虎鲸了吗？

各位如果有机会到新西兰观赏虎鲸，一定要打电话给英格丽特·韦塞，她会很高兴。她的电话号码是 **0800 SEE ORCA**，当地的电话号码都是由数字和字母组成的。

虎鲸落难

2010 年 5 月 25 日，紧急电话铃声再度响起，有一头虎鲸在新西兰北部鲁阿卡卡小镇附近的沙滩搁浅，动弹不得。这头落难虎鲸已经无力自救，面临生死关头。英格丽特·韦塞听着电话里的描述，立刻明白是哪头顽皮的虎鲸，因为她是看着那头虎鲸长大的，还帮它取名"普提塔"。英格丽特大致清楚它为什么会落难："普提塔是技术高超的猎人，它可能正乘浪追逐虹鱼，一不小心就随着海水来到了浅水区。"普提塔绝望地发出求救声，从遥远的海域传来另外两头虎鲸的回应，英格丽特也认得那两头虎鲸，它们是普提塔的妈妈茵茵和哥哥鲁亚，它们不断靠近海岸想救普提塔，可惜无能为力，自身也随时有受困的危险。

团结力量大

英格丽特·韦塞的做法和擅长团体战的虎鲸一样，她号召数位帮手来到岸边，齐聚众人的力量，并借助海浪的力量，试图将普提塔往海的方向推拉移动。这场抢救虎鲸的行动历时两个半小时，普提塔重获自由后立刻游向家人的怀抱，这是虎鲸一家的幸福时刻，也是英格丽特·韦塞的幸福瞬间。

另一场虎鲸落难记：年轻的虎鲸小班深夜搁浅在海滩上，隔天清晨，营救小组利用特殊的船将它重新带回大海中，小虎鲸成功获救。

大鲸和小鲸

鲸是海洋动物,分布在地球上的所有海域,无论是温暖还是寒冷的海域,都有它们的踪迹。鲸的种类约有 80 至 90 种,海洋生物学家将鲸区分为两大类:须鲸和齿鲸。抹香鲸、虎鲸和出现在欧洲波罗的海的小型鼠海豚皆属齿鲸;须鲸则包括露脊鲸科家族,如南露脊鲸和北极露脊鲸。同属须鲸类的须鲸科与露脊鲸科并不相同,它们最大的外观特征是喉腹部位有长沟状的皮肤褶皱,当它们张开大口,吸入大量夹杂着无数浮游生物、小螃蟹和小鱼的海水时,喉腹会像手风琴一般撑开。地球上体型最庞大的鲸——蓝鲸便是用这种高超的技术,猎食小型的浮游动物磷虾的。

转而在海中生活。鲸笨重的身体借由水的浮力可以在海里游动,但如果在陆地上,它们肯定会因体积过于庞大而窒息。体积庞大的生物食量必定惊人,好处是只有少数的敌人敢去招惹这样的庞然大物。

海 豚

海豚和鼠海豚都是鲸目动物,皆属齿鲸类。地球上共有超过 30 种海豚,其中最知名的就是宽吻海豚。多数的海豚生活在海洋,只有少数几种生活在河里,即淡水海豚。但无论是生活在海里还是淡水中,所有鲸都是哺乳动物,而非鱼类,母鲸会以母乳哺育幼鲸。

大部分的鲸身体呈蓝灰色,鲸在深海里几乎与深蓝的海水颜色融合在一起。但白鲸却是一身白。至于穿梭在北极海域浮冰间的一角鲸,几近白色的浅色皮肤和黑色斑点俨然是它们的最佳保护色。

鲸为什么如此庞大?

蓝鲸体长可达 33 米,重达 200 吨,是地球上有史以来最庞大的动物,它们的体型和重量甚至超过最巨大的恐龙。鲸的体型之所以能如此庞大,是因为它们的祖先离开陆地,

齿鲸

1 鼠海豚
1.85米

2 真海豚
2.40米

3 亚河豚
2.50米

4 一角鲸
5米

5 白鲸
5米

6 虎鲸
9米

7 抹香鲸
18米

须鲸

8 小鳁鲸
9米

9 座头鲸
15米

10 露脊鲸
18米

11 蓝鲸
33米

你知道吗?

鲸、鼠海豚和海豚皆属鲸目动物,科学分类"鲸目"的拉丁学名为"Cetacea"。

用脚走路的鲸

巴基鲸
这是一种有蹄的鲸。鲸的祖先是偶蹄类动物，有4只脚，没有鳍，脚趾上无利爪，但有5个小蹄。

中爪兽
中爪兽不是狼，而是鲸的祖先，但从外表看不出它们与鲸有任何亲戚关系。它们当时能料想到自己的后代会回到海里吗？总之，它们都喜欢鱼类和甲壳类动物。

大约4800万年前，在现代研究学者称之为"特提斯洋"的海岸，体积庞大的恐龙早已灭绝，陆地上衍生出其他的新种哺乳动物。对如今貘科动物的史前祖先始祖貘来说，红树林海岸是极危险的地方，因为许多凶恶的敌人正露出尖牙利齿，准备好强而有力的下颚，虎视眈眈地潜伏在红树林深处，它们乍看之下像是鳄鱼，身体却长有毛，没有鳞片和角质外壳，脚趾上也没有利爪，只有小小的蹄。这么霸气十足的掠食者不是鳄鱼，而是一种身长3米、体重达300千克的哺乳动物，是当时体积最庞大的陆地生物。这种生物在陆地上的移动能力已经退化，只能在河岸边吃力地移动，但它们是出色的游泳健将，生活在河口和近海水域，平常最喜欢躺在岸边，在阳光下打盹，不时潜伏在水里，伺机偷袭来水边喝水的动物。这种食肉动物便是"陆行鲸"，它们习惯躲在水里，等待时机一口咬住猎物。陆行鲸的外耳壳已经退化，但还不到耳聋的程度，它们和如今的鲸一样，通过下颚骨接收外界的声音，两条后腿的形状已经和鱼鳍非常类似，但它们在陆地上也能滑行。陆行鲸能生活在淡水中，也能生活在海水里，它们只缺尾鳍，否则就是超级完美的海底猎人了。

矛齿鲸

这种早期鲸身长 5 米左右，生存在 3300 万至 4100 万年前的古老海洋中，当时它们已经演化出了尾鳍。

从陆地迁移到海洋生活的生物

鲸从在陆地上生活到适应海洋环境，这个过程仅花了 1500 万年。它们的两条后腿萎缩，前肢变成鳍，背脊在重组后与新形成的尾鳍配合可产生强大的动力，头部出现了适合水下环境的听觉系统，多数鲸还发展出一种定位系统，能在头骨内产生并发射声波，再接收反射回来的回声信号。它们的鼻孔也从嘴的位置移到头顶，如此一来，呼吸时就不必将整个头部都浮出水面了。

龙王鲸

外观看起来已经非常类似现在的鲸。鲸又分为齿鲸和须鲸两种。

罗德侯鲸

拥有流线型身体的罗德侯鲸生存于约 4700 万年前，当时已经不是陆生动物。它们的鼻孔已经转移到头顶，这样浮出水面呼吸就更方便了。

齿鲸

宽吻海豚属于这类鲸，它们以牙齿为主要武器。

须鲸

这类鲸的牙齿在大自然的演化中变成了鲸须，须鲸将海水和小型猎物吸入嘴巴，再通过像滤网一样的鲸须将海水排出嘴外。

陆行鲸

它们不是鳄鱼，而是现代鲸的祖先。这种外形类似鳄鱼的陆行鲸，是从陆地往海洋发展的过渡形态。它们是试图重回海洋，最后成功回到海洋的哺乳动物，但并非全然是海洋生物。它们习惯潜伏在海里等待猎物，一旦捕猎成功，就会回到岸上大快朵颐。

完美适应 水中生活

须鲸通过头顶上的两个分开的喷气孔呼吸，比如图中的这头蓝鲸。

理想的身体构造和功能，让鲸非常适合在水中生活。乍看之下，鲸的身体构造和许多鱼类非常相似，但端详后会发现，鱼类和属于哺乳动物的鲸之间有极大差异。

鲸的外观

流线型的外观是鲸最引人注目的地方，这种外形能帮助鲸在水中降低阻力。基于相同的原因，鲸没有颈部和外耳壳，因为这两个构造会造成干扰的涡流，阻碍前进的速度。鲸的尾鳍强劲有力，能提供最有效率的驱动力。鲸的尾鳍呈水平状，硬骨鱼类及鲨鱼所属的软骨鱼类的尾鳍则为垂直状。鱼类利用左右来回摆动尾鳍产生前进的驱动力，鲸则是上下摆动尾鳍前进。鲸身上的两个胸鳍用于控制方向，背鳍则能保持身体在水中的平稳度，维持行进方向。

鲸没有鳃，所以每隔一段时间必须浮上水面呼吸，它们利用一个或两个又称"喷气孔"的呼吸孔进行呼吸。鲸浮出水面时会打开喷气孔，然后用力喷出消耗过的混浊空气，再进行吸气，之后便关闭喷气孔，然后立刻潜回海中。

鲸没有鳞片，但拥有非常特殊的光滑皮肤，可根据游动速度产生极细的皮肤凹槽，来平衡水流造成的扰流。此外，鲸皮肤上的油层也帮助它们在海中更顺利地滑行，其中宽吻海豚的时速可达50千米。鲸的皮肤底下是非常厚实的脂肪，可以防止在寒冷的海中失温。因为鲸是哺乳动物，也是恒温动物，它们必须吸收很多养分才能保持体温，鲸脂层能协助鲸降低热量的消耗。

齿鲸通过唯一的一个喷气孔呼吸，比如图中的这只海豚。

每种鲸的喷气方式各不相同，从喷气柱的形状和高度能看出浮出水面呼吸的是哪种鲸。蓝鲸喷出的气柱非常笔直，高度可达12米，居所有鲸之冠！

鲸的外形

我们一般都只注意鲸有背鳍或尾鳍，海洋生物学家则能依据鲸的外形、体型大小和鳍的外观分辨鲸的种类，有时候甚至能辨识个别的鲸。

座头鲸 宽约2.5米

蓝鲸 宽约4.5米

抹香鲸 宽约2.2米

知识加油站

▶ 鲸的尾鳍和其他所有海洋哺乳动物一样都是水平的，那是因为它们必须每隔一段时间浮上水面呼吸，水平的尾鳍能让它们更轻松地浮出水面。鱼类则利用鳃呼吸，不必特意浮出水面。

垂直状的尾鳍

内在世界

鲸借助海水的浮力移动庞大的躯体，因此它们的骨架不像陆地动物那样稳固。由于鲸不像陆地动物需要大而稳固的骨骼，因此没有腿和长长的脖子。小小的骨盆骨骼透露出鲸的出身，它们的祖先是四足陆地动物，鲸的四肢已经退化，仅剩下萎缩的骨盆残留。除此之外，鲸拥有和其他哺乳动物相同的器官，包括用来呼吸的肺、让血液在体内循环的心脏、消化食物的胃和肠等。所有的海豚都属于齿鲸类，齿鲸的头颅内有一个名为"额隆"的器官，这个器官是鲸能适应海底生活的关键，也是鲸用以定位方向的声呐系统的一部分。

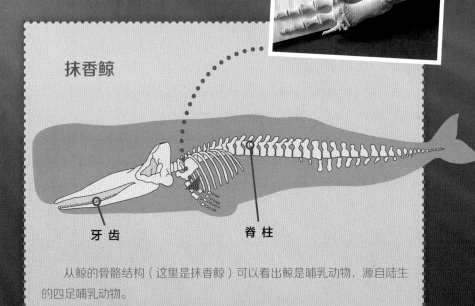

抹香鲸的指骨非常巨大，类似人类的手掌骨。

抹香鲸

牙齿　　　脊柱

从鲸的骨骼结构（这里是抹香鲸）可以看出鲸是哺乳动物，源自陆生的四足哺乳动物。

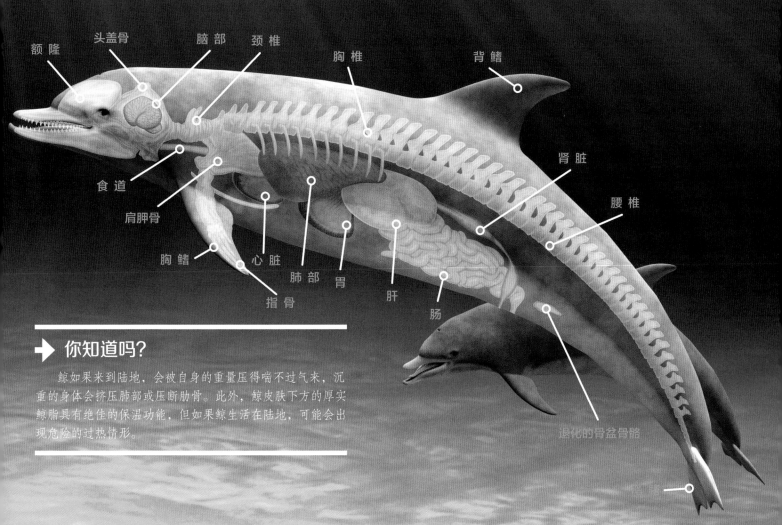

额隆　头盖骨　脑部　颈椎　胸椎　背鳍

食道

肩胛骨

胸鳍　心脏　肺部　胃　肝　肠

指骨

肾脏

腰椎

退化的骨盆骨骼

➡ 你知道吗？

鲸如果来到陆地，会被自身的重量压得喘不过气来，沉重的身体会挤压肺部或压断肋骨。此外，鲸皮肤下方的厚实鲸脂具有绝佳的保温功能，但如果鲸生活在陆地，可能会出现危险的过热情形。

咬食和滤食

鲸研究专家按照摄食方式将鲸分为齿鲸和须鲸两大族群。随着时间的演进，须鲸的牙齿变成一个具备过滤功能的筛网，可以捕食取之不尽、用之不竭的食物：海里庞大的浮游生物和磷虾群，其中也包括各种小鱼群。

齿鲸

齿鲸最多有 272 颗牙齿，每颗牙齿形状相似。有些鲸牙齿像刀子一样锐利，有些则呈钝角锥形。齿鲸利用牙齿捕食鱼群、乌贼或软体动物，捕获到的小型猎物大都整只吞食。虎鲸还会捕猎海豹、企鹅或海龟，甚至连其他种类的鲸和大鲨鱼也不放过。

鲸和鲨鱼不同，它们不会换牙。齿鲸甚至没有所谓的乳牙，唯一的一副牙齿要用一辈子，而且是很漫长的一辈子，因为抹香鲸的寿命可达 70 年。鲸的牙齿通常只用来咬住乌贼和章鱼等头足类软体动物，因此牙齿不容易受损。抹香鲸身长可达 18 米，是体型最

宽吻海豚拥有完美无瑕的整副牙齿。所有海豚都属于齿鲸。

虎鲸也是齿鲸，即便它体型庞大，也是海豚科家族的一员。虎鲸身长可达 9 米。

大的齿鲸，其他为大家熟知的齿鲸还包括白鲸和数量庞大的海豚，虎鲸也包括在其中。

须鲸

体积最庞大的鲸嘴里没有任何牙齿，只有鲸须——在它的喙形上颚垂挂有数百根角质板。有些须鲸的鲸须可长达 5 米。须鲸用鲸须来过滤海水中的浮游生物、磷虾和小型鱼类，它们捕食的动作不需要太快，只要张开大嘴巴，张得越开，捕获量越大，就越能饱餐一顿。

白鲸的牙齿非常特殊，年轻白鲸牙齿呈向后弯曲的锥形，年纪较大的白鲸牙齿几乎磨损殆尽。白鲸唱歌的时候也需要牙齿。

过滤法

体型修长的塞鲸（Sei Whale）除了吃磷虾外，也会吃鳕鱼，"Sei"这个单词就源自挪威语的"青鳕"。捕猎磷虾群之前，塞鲸会先游到磷虾群的下方，然后使出"过滤法"技术，就是半张着嘴，接着将半个头伸出海平面，把海平面之下

这是抹香鲸下颚骨上用来捕捉和固定猎物的牙齿，没有任何巨型鱿鱼能逃得过这厉害的武器。这些牙齿没有任何磨损的痕迹。

鲸须

鲸须和人类的指甲一样，主要成分为角蛋白。这种长长的角质板末端为发状物，作用如同筛网。须鲸用鲸须来滤食海水中的浮游生物、磷虾和小型鱼类等。

数百根鲸须形成一个猎物无法逃脱的筛网，猎物一旦被鲸吸入嘴里，插翅也难飞。

磷 虾

须鲸的食物是超细小的海洋生物和磷虾。磷虾约5厘米长，一头座头鲸一天要吞食数百万只磷虾。

的丰富食物全部吸入嘴里，最后再将海水从鲸须缝排出，口中只留下美味的浮游生物和小型鱼类。塞鲸每天吃进200至900千克的食物，时速可达50千米，是大型鲸中的游泳冠军。

用餐时刻

这头座头鲸从磷虾群中拦腰瓢取，同时吸入不计其数的虾蟹。现在它只要慢慢合上嘴巴，让海水从鲸须缝中排出……这是一场优雅的猎食行动。

从海底觅食

灰鲸的觅食方式也是从猎物群的一侧着手。当灰鲸发现猎物时会先潜入海底，将海底泥沙卷起，接着把混浊的泥沙连同虾、蟹、鱼一起吸入嘴里，最后再将泥沙和水排出，美味的食物当然就吞进肚子里啦！

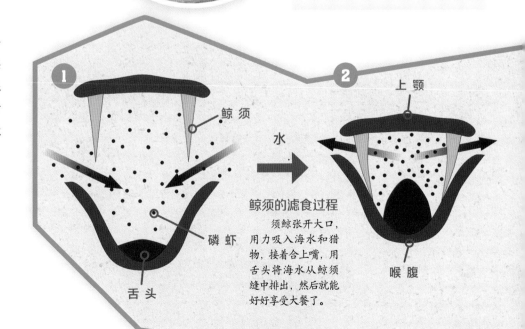

① 鲸须 磷虾 舌头

② 上颚 水 喉腹

鲸须的滤食过程

须鲸张开大口，用力吸入海水和猎物，接着合上嘴，用舌头将海水从鲸须缝中排出，然后就能好好享受大餐了。

有牙齿利器的鲸

不同种类的齿鲸牙齿大小不尽相同，有些牙齿尖锐，有些呈钝角状。齿鲸的牙齿主要用来捕食猎物。

毋庸置疑的是，拥有牙齿利器的鲸肯定是肉食性动物。大多数的齿鲸捕食鱼类、巨型鱿鱼和乌贼，有些也吃虾蟹类，虎鲸还会猎杀企鹅和海龟。虎鲸是唯一一种会猎食海豹、海豚或大型鲸等海洋哺乳动物的鲸，甚至连体型比它们大许多的须鲸也不放过。它们有能耐将落单的须鲸逼到死角，然后杀死对方，因为它们善于利用团体的力量分工合作。

矫健的猎人

齿鲸是动作迅速又机智的猎人，海豚便是一例。它们习惯结群猎食，合力将鱼群包围起来，让猎物惊吓乱窜、挤成一堆，接着不断发出鼓噪声响，然后轮流冲入鱼群中捕食鲜鱼。不过，由于它们锥形的牙齿无法咀嚼，只能将整只鱼以头朝前的方式吞下肚，如果把鱼吃进嘴里时方向错误，它们会迅速用舌头将鱼的方向翻转过来。

嗜吃鱼的鲸和
不爱吃鱼的鲸

多数齿鲸嗜吃鱼类，这些爱鱼一族的下颚牙齿数量，比爱吃乌贼、巨型鱿鱼及章鱼等软体动物的另一族群多。抹香鲸不爱吃鱼，它们最爱的食物是生活在深海的大王乌贼。所有齿鲸在捕食猎物时都会使用声呐定位系统，抹香鲸利用声呐即可从海平面定位海底 1000 米深处的猎物方位，抹香鲸也是动物界中能发出最大声响的动物之一。有些研究学者猜测，抹香鲸发出的声音不仅能定位，还可能具有能够震晕大王乌贼的超高能量声波。

虎鲸最爱吃虹鱼，为了避开虹鱼的毒刺攻击，虎鲸采取分工合作的猎食方式。一头虎鲸会先咬住虹鱼尾部，由另一头咬下虹鱼的头部，然后就能一起分享美味的鱼肉大餐啦！

有些虎鲸喜欢吃企鹅肉，有些甚至连大白鲨也不放过。

可能两败俱伤的举动：一头虎鲸冒险来到海岸捕食海豹，如果是经验不足的虎鲸，可能会搁浅在岸边，回不了大海。

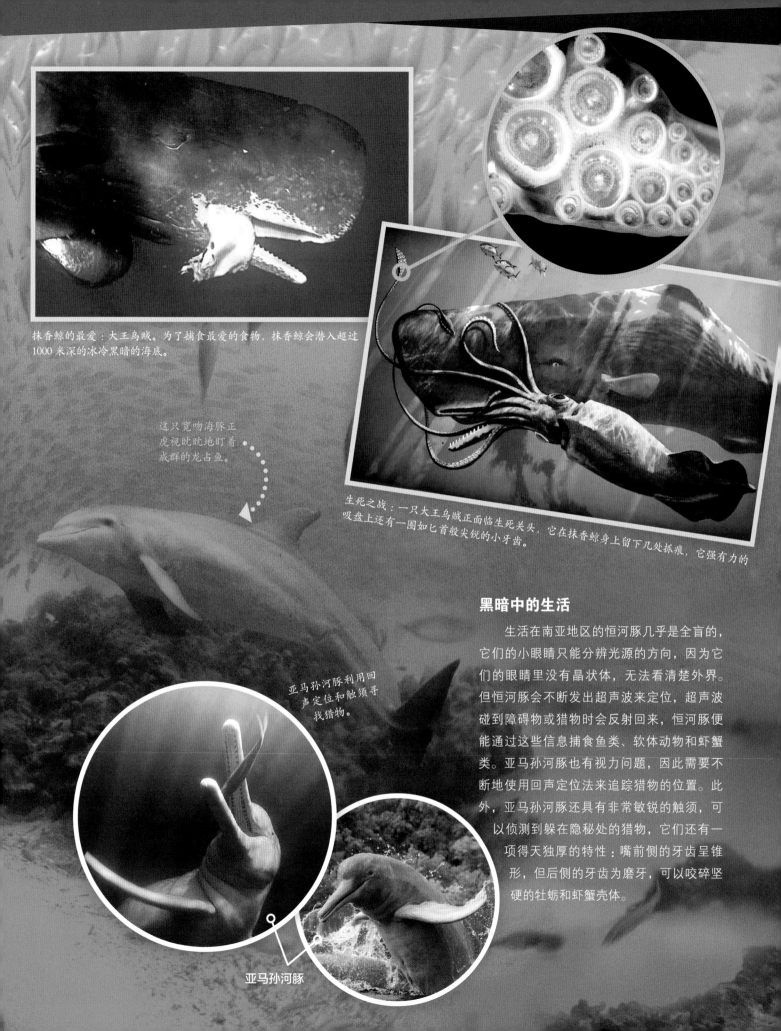

抹香鲸的最爱：大王乌贼。为了捕食最爱的食物，抹香鲸会潜入超过 1000 米深的冰冷黑暗的海底。

这只宽吻海豚正虎视眈眈地盯着成群的龙占鱼。

生死之战：一只大王乌贼正面临生死关头，它在抹香鲸身上留下几处抓痕，它强有力的吸盘上还有一圈如匕首般尖锐的小牙齿。

亚马孙河豚利用回声定位和触须寻找猎物。

黑暗中的生活

　　生活在南亚地区的恒河豚几乎是全盲的，它们的小眼睛只能分辨光源的方向，因为它们的眼睛里没有晶状体，无法看清楚外界。但恒河豚会不断发出超声波来定位，超声波碰到障碍物或猎物时会反射回来，恒河豚便能通过这些信息捕食鱼类、软体动物和虾蟹类。亚马孙河豚也有视力问题，因此需要不断地使用回声定位法来追踪猎物的位置。此外，亚马孙河豚还具有非常敏锐的触须，可以侦测到躲在隐秘处的猎物，它们还有一项得天独厚的特性：嘴前侧的牙齿呈锥形，但后侧的牙齿为磨牙，可以咬碎坚硬的牡蛎和虾蟹壳体。

亚马孙河豚

墨西哥附近的太平洋海域：这头布氏鲸正从沙丁鱼群中拦腰划过，嘴里满满的都是鱼，有着手风琴状皮肤褶皱的喉腹已经被撑开。

巨大的吞食者

所有鲸都是食肉动物，须鲸也是，而且是最大的海洋生物捕食最小的海洋生物。灰鲸用大嘴翻搅海底，滤食泥沼中的海底生物，但大多数的须鲸习惯在宽广的海域觅食，它们不仅滤食浮游生物和磷虾，对大型软骨动物和鱼类也来者不拒。北极露脊鲸和南露脊鲸则喜欢优雅地张开大嘴，从猎物群拦腰划过，再将嘴部露出水面，这样就能饱餐一顿。

先吞后吃

另一种捕食技术就完全不同了，不少须鲸采用的是"鲸吞法"。包括蓝鲸、长须鲸和布氏鲸在内的须鲸不常张开嘴部，而是盯准特定猎物群后，才会大口一张，将海水和猎物一起吸入口中，然后闭上嘴，再排出海水。

一盯准，二大口吞，三饱餐一顿，就是它们的标准捕食流程。

有时候，蓝鲸或长须鲸会分食一个庞大的磷虾群。单只磷虾虽然体积小，但磷虾群非常庞大，因此吸引许多鲸觊觎。又由于磷虾群数量十分惊人，所以每头鲸都能分一杯羹。但这些鲸并非真正的群体猎

浮游植物
水中浮游的微小植物。

浮游动物
水中浮游的微小动物。

磷虾群可以稠密到这种程度。这种小型虾在海平面下方成群凝聚为庞大的磷虾群。

负责制造气泡渔网的有时只有一头鲸，但通常是好几头鲸一起合作完成。

鲸的气泡螺旋路径会越缩越小，最后将鱼群整个包围起来。真不知道这方法最早是哪头聪明的座头鲸想到的！

行，然后缩小螺旋的范围，同时不断从喷气孔冒出气泡。

这些气泡不断上升，在鲱鱼群四周形成闪着银色光芒的帷幕，将鲱鱼群包围起来。这时，其中一头鲸会发出一种独特的高音歌声，紧接着其他鲸开始用它们发亮的胸鳍将光线反射到鱼群，于是气泡、光线和鲸歌声混合成一股扰乱鲱鱼的力量，整个鲱鱼群于是陷入恐慌，最后所有鲱鱼挤成一团。此时鲸歌手的节奏越来越快，突然间，歌声戛然而止。

这其实是暗示鲸群可以开始大快朵颐的信号，鲸于是紧靠着身躯垂直往上冲，在

食动物，也不是群居动物，它们只是偶然相遇，因为美食当前而临时成军的猎食组织。它们紧靠着身躯共同享受大餐，饱餐一顿后又各奔东西。

气泡捕鱼法

鲱鱼动作矫捷，会试图集结成群来逃脱，因此鲸在捕食鲱鱼时，必须与其他鲸紧密合作，才不会让鲱鱼群有机可逃。阿拉斯加附近海域的座头鲸群体猎食时的行动令人称奇，只见海水不断冒出泡泡，但其实海面下波涛汹涌，约有 15 头座头鲸一起合力参与捕鱼行动。它们精心策划的方法是利用自制的渔网捕鱼，座头鲸当然不会真的自己结网，但它们另有奇招：利用气泡诡计。座头鲸发现海平面下有鲱鱼群时，会先潜入海平面下约 30 米处，由一头或数头鲸先以螺旋状游

座头鲸的气泡捕鱼法是一种团队行为，它们聚在一起，共同捕鱼和分享食物，最后每头鲸都能饱餐一顿。

鲸喉腹里满满都是鲱鱼。当一处渔场枯竭时，鲸便会迁徙到其他的地方觅食。

快冲到鲱鱼群之前，它们会张开大口，然后飞快穿出水面，每一次都能狼吞虎咽地吞下数百条鲱鱼。但也只有少数几个鲸群能够完美地使出这一招，大部分的鲸宁可舍弃狡猾的鲱鱼，只捕食可以轻松入口的磷虾。

手风琴警报！须鲸来了！我们惨了……

鲸的感官

"哈喽，你好吗？"
海豚皮肤的触觉非常敏锐，
喜欢彼此触摸。

鲸的感官和人类一样，都拥有视觉、听觉、味觉和触觉等，但鲸在海底和人类在陆地上不一样，它们的感官有不同的使用方式。它们可以利用听觉"看见"和"尝到"它们目前的所在地。

触觉

鲸的皮肤布满无数个感应器，能感应到最细微的触摸。鲸通过皮肤感觉水压，因此可以根据水压知道自己潜入海底的深度，或自己在海中游动的速度。鲸的皮肤甚至可以感受到海流和非常细微的温度变化。灰鲸喜欢被抚摸，所以小灰鲸常常喜欢依偎在母鲸身边。小灰鲸也爱靠在船身上磨蹭，但最喜欢彼此依偎在一起的，莫过于海豚了，而且它们不是只有母子之间会这么做。海豚喜欢依偎着游泳，用鳍部触摸同伴或用嘴巴碰触对方，这样的举动能让海豚家族成员之间的关系更为紧密。许多鲸甚至有触须，例如灰

鲸和北极露脊鲸，能更敏锐地感受到触觉刺激。特别是这种触须常生长在嘴部尖端，也就是在鲸嘴部的上方，因此鲸嘴部尖端对于触觉非常敏感。除了嘴部尖端以外，鲸的腹部、鳍部等也有敏锐的触觉反应。

磷虾感应器

一头成年的蓝鲸每天必须吃下约 4000 万只磷虾，才能填饱肚子。它们的下颚尖端上有个特殊的器官可以帮助它们找到食物。这种高度敏锐的触须能够侦测出嘴部前方的磷虾群密集程度，蓝鲸利用触须找到磷虾群最密集的地方，然后大口一张，再用力一合，就是整口的满足。

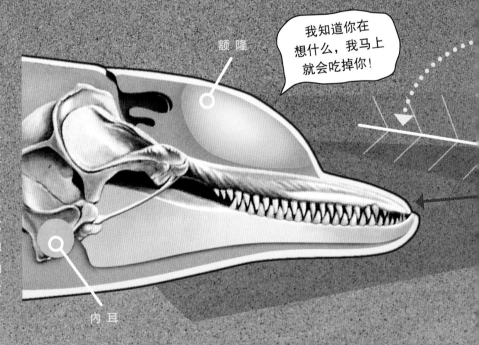

我知道你在想什么，我马上就会吃掉你！

额隆

内耳

虎鲸舌头上的味蕾能分辨出其他鲸的尿液。

听 觉

海底世界就像一个嘈杂的菜市场，到处充斥着来自数百万种生物的高音和低音，其中还掺杂着海浪声、船只轰隆隆的螺旋桨以及引擎声，各种声音交错碰撞。在这片嘈杂的海底背景声中也包括鲸的歌声，鲸绝对能分辨出自己同伴的声音。由于海水具有很好的声音传导性，因此鲸甚至能听到数百千米外传来的声音。

回声定位

某些鲸也需要这种超强听力来进行回声定位，这样它们才能在黑暗或混浊的海水中找到方向。但似乎齿鲸的这种能力更胜一筹，比如属于齿鲸的海豚。

海豚嘴部上方的头颅内有一个脂肪组织，即"额隆"，海豚就是利用这个组织接收回声定位的声波。海豚能有方向性地发射出声波，当声波碰到障碍物，例如岩壁、珊瑚暗礁或猎物时会反射回来，海豚的大脑会根据回波的时间计算出该障碍物的距离、大小以及性质，并在脑中描绘出周围的"听觉印象"。这和船只或潜水艇的回声定位探测仪原理非常相似，然而齿鲸的"生物声呐"的精密程度更甚于任何声呐科技，因此海豚能够侦测到直径仅数毫米的细铁丝网，灵巧地绕道而游。

嗅觉与味觉

鲸已经失去嗅觉能力，它们的鼻子只剩下呼吸气孔的功能，但仍保有味觉，这从鲸舌头上分布着无数小味蕾就能看出来。鲸可以分辨海水某些地方的盐分含量变化，从尿液的味道便能判断游在自己前方的是哪一类鲸。须鲸甚至能从猎物的排泄物味道判断猎物是磷虾还是鱼，一旦确认是猎物的排泄物，只需要跟着排泄物的踪迹就能找到猎物了。

视 觉

人类在海底必须戴上潜水镜才能看得清楚，但鲸不需要戴眼镜，因为它们的眼睛里有一个可以极度变形并适应各种环境条件的晶状体，因此鲸的视力在海底还是一样敏锐。鲸也不需要戴太阳镜，虎鲸把头伸出海平面窥探时，瞳孔会缩成一条小细缝，在黑暗的海底时瞳孔则会放大。此外，鲸对光线最敏感的视网膜后方还有一个强化层会反射光线，可以将光线再折回穿过视网膜。但在环境能见度不佳的情况下，鲸大多依赖其他的感官。

北极露脊鲸

蓝 鲸

咦，那里好像有什么声音？

▶ 你知道吗？

鲸在漫游的时候，可能是利用一种"生物罗盘"进行定位。

一位鲸研究专家正专心聆听"鲸的歌声"，并试图解开鲸语之谜。

"鲸的歌声"输入计算机形成的图案，这是一头小鳁鲸的歌声。

水诊器

鲸为什么会唱歌？

鲸会在海中制造各式各样的声音，例如：嗒嗒、吱吱、啾啾、咩咩、咕咕，以及口哨、尖叫、弹舌声等，偶尔还会出现鼾声，但主要是以发出美妙的歌声居多。齿鲸还会发出声波来进行回声定位。

海洋之歌

鲸研究专家首度利用水诊器，即"海底麦克风"，来研究鲸交流时发出的声音，听上去类似于歌曲的旋律，于是专家们将鲸之间的对话交流称为"鲸歌"。不仅齿鲸如此，须鲸也是出色的歌唱艺术家，但雌座头鲸不会唱歌，只有雄座头鲸才喜欢引吭高歌，它们是所有鲸中歌唱时间最持久的，而且曲风丰富。它们唱一首歌可长达数小时之久，风格多变，还能随时增加不同的小节，或随着时间改版，偶尔删去几小段或增加新小节来取代。交配季节是它们最常展现歌喉的时期，雄鲸常常借由歌唱吸引雌鲸或与雌鲸搭讪，它们也借由歌声驱走讨厌的竞争对手。

听觉优于视觉

人类最依赖视觉，所谓"眼见为实"，但鲸和海豚却不然。大量的浮游生物使得海水混浊，能见度不佳，海平面下几百米的深度就已经乌黑一片了，在这里生存单靠视觉根本不可行。但声波在混浊的海底及黑暗的深海里还是能够继续传导，且传导速度非常快，甚至比在空气中的速度快四倍。听觉的优点是通过声音能知道背后的动静，鲸和鲸群走失时，可以利用求救声与鲸群团聚。研究学者猜测，有些大型鲸甚至可以在相距数千千米外的距离进行"远程对话"，像蓝鲸便会发出介于 10 至 40 赫兹（声波每秒钟的振动频率）之间的低频声波进行远距离沟通。

座头鲸喜欢举行很长的演唱会，但只为爱人而唱，不过最后经常变成争斗之歌。

和我们人类一样，小虎鲸必须先学会说话，但这需要一点时间。

白鲸喜欢唱歌，也会露出奇怪的面部表情。

海豚不但有名字，还会不停地呼唤彼此呢！

我在这里，你在哪里？

对我们而言，人与人彼此互称对方姓名是理所当然的事，但你知道吗？海豚彼此之间也会互称姓名，它们会发出某种特定顺序的哨音称呼对方，每只海豚的哨音都不相同。海豚从小就会给自己冠上一个名字或所谓的"签名哨音"，因此海豚知道彼此的名字。一群海豚游动时，会此起彼伏地响起各种名字的呼喊声。一群海豚在海底的对话内容有一半是这些"签名哨音"，或拉高嗓子发出海豚名字的呼喊声，因为海豚会不时呼喊自己的名字，但有时也会呼喊其他海豚同伴的名字。彼此有亲密关系的海豚常滔滔不绝地聊天，例如海豚妈妈和海豚宝宝，或海豚朋友之间，常常是话匣子一开就停不下来。

无言的对话

人类对他人表达不信任或排斥时，习惯将双手交叉在胸前；当我们喜欢某人时，便会张开双手拥抱对方；生气时会跺脚，脸上也会有喜怒哀乐的表情。人类通过肢体语言和面部表情无需言语也能表达情绪，鲸也是如此。当雄座头鲸用尾鳍拍打着海水，就表示："走开！这里没有你要的东西！"宽吻海豚张开大口露出牙齿，则代表威吓。对鲸而言，很难只用面部语言表达情绪，但白鲸例外，白鲸是鲸类中唯一可以动嘴唇的鲸，甚至还能做出嘴角上扬的表情，以至于人类看到白鲸这种表情时，以为白鲸在微笑。白鲸还能改变头顶上额隆的形状，当它们将额隆推到头部前端时，便能对同类产生威吓作用，代表着："你们都要尊敬我！我可不是好惹的！"

"飞跃出水"也算是鲸的身体语言之一，因为响亮的拍水声就可能把竞争对手吓得退避三舍。

夏天来了。一旦鲸宝宝长得足够大了，座头鲸群便会启程，开始漫长的迁徙之旅。

母鲸会在墨西哥和加利福尼亚州附近海域产下鲸宝宝。母鲸在幼鲸哺乳和长出脂肪层期间，也几乎不怎么进食，因为这个区域不产磷虾。于是幼鲸日益茁壮，母鲸则日渐消瘦，身体也逐渐虚弱。等到春天来临，鲸又要启程北行，当这些灰鲸到达食物丰富的目的地时，通常已经只剩下最后一丁点力气。但它们总算熬了过来，精疲力竭的鲸终于可以如愿饱餐一顿，增加身上的脂肪存粮。

长泳健将

其他如蓝鲸、长须鲸等鲸类，甚至齿鲸类的抹香鲸也会进行类似的长途跋涉之旅，而迁徙距离最长的莫过于座头鲸。生活在北方海域的座头鲸会往来于北极地区和太平洋的墨西哥，或格陵兰附近海域和加勒比之间。而生活在南半球的座头鲸则每年从南极海域游至哥斯达黎加和哥伦比亚，再返回南极海域。当它们抵达温暖的过冬地点时，北半球的座头鲸却已经回到北冰洋海域，因此南北两半球的座头鲸永远碰不到面。座头鲸每年迁徙的距离约16000 至 25000 千米。

定位主导一切！

研究学者利用追踪器研究座头鲸的迁徙路径，发现鲸的迁徙方向具有惊人的准确性。即便气候多变、洋流错综复杂及地球磁场不断变化，鲸的航行路线非常坚定，仿佛它们身上装了一台 GPS 导航系统。或许它们的身体中天生就备有"内在地图"和感应磁场的感官，所以能沿着地球的磁场线往南行或往北行。也可能，它们的味觉也有定位功能！

鲸的大迁徙

大型鲸经常进行大迁徙。以浮游生物和磷虾维生的须鲸，夏季时会聚集在北极地区或南极海域，因为夏季是北冰洋浮游植物的盛产季节，同时也是磷虾的盛产季节，一到这个时候，每头鲸的肚子都会吃出一层肥油。秋天来临时，天气渐凉，磷虾数量锐减，海面结冰范围也逐渐扩大。此时北冰洋海域的温度太低，不适合孕育幼鲸，因为鲸宝宝出生时身上还没有可以隔绝冰冷世界的保护脂肪层。因此鲸群会离开寒冷的水域，往温暖的赤道方向迁徙。

前往墨西哥！

夏季聚集在阿拉斯加附近北冰洋海域的灰鲸，到了冬天会迁徙至墨西哥海岸过冬，这是一趟漫长的旅程，历时 2 至 3 个月之久。它们在途中一般不进食，只会偶尔短暂地休息打盹，

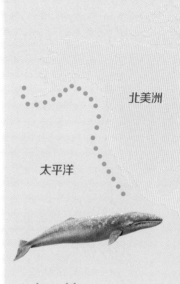

北美洲

太平洋

灰鲸

灰鲸每年横渡长达 2 万千米的距离，往返于阿拉斯加和墨西哥之间，迁徙鲸群中还包括仅出生两个月的幼鲸。一头 40 岁的鲸，一生中迁徙的距离足以在地球和月球之间往返一趟。

哪些鲸何时在何处？研究学者分析了许多鲸的迁徙方向和游动速度等。

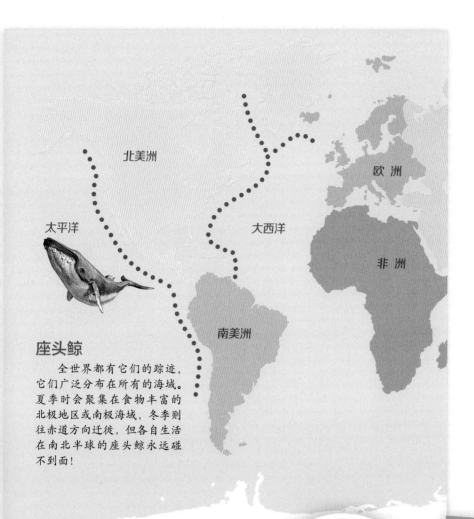

座头鲸

全世界都有它们的踪迹，它们广泛分布在所有的海域。夏季时会聚集在食物丰富的北极地区或南极海域，冬季则往赤道方向迁徙，但各自生活在南北半球的座头鲸永远碰不到面！

北美洲

太平洋

欧洲

大西洋

非洲

南美洲

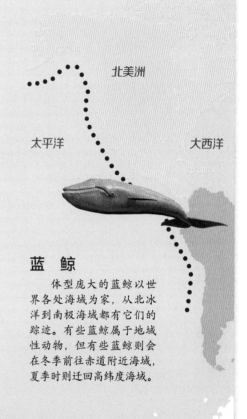

蓝鲸

体型庞大的蓝鲸以世界各处海域为家，从北冰洋到南极海域都有它们的踪迹。有些蓝鲸属于地域性动物，但有些蓝鲸则会在冬季前往赤道附近海域，夏季时则迁回高纬度海域。

北美洲

太平洋

大西洋

追踪器天线 ➤

研究学者在搁浅的白鲸背部装上追踪器，追踪器会不时传送资料到卫星上。

一群白鲸在迁徙途中，正经过北极冰海，它们也使用破冰船的航道。

幼鲸的诞生

鲸是唯一一种无法离开水生活的哺乳动物，它们在水中生育幼鲸，也在水中哺育幼鲸。

竞 争

雄座头鲸使出浑身解数吸引雌鲸的注意，并试图打败其他竞争对手。它们用尾鳍使劲拍打水面，表演各种杂耍飞跃动作，还展现歌喉数小时之久。情敌相见分外眼红，雄鲸之间有时候还会大打出手，用庞大的身躯互撞。当雌鲸接受雄鲸的追求，决定选择它作为伴侣时，两头鲸便会开始交配。

在水中诞生

母鲸怀胎 10 至 13 个月后，就会生下幼鲸。原则上，一胎只生一头幼鲸，虽然也可能生出双胞胎，但概率非常小。母鲸会选择浅水区域生产，并且是在接近海平面的地方。幼鲸的诞生经常伴随着风险，毕竟海里还有鲨鱼和杀人鲸窥视着。母鲸生产时，旁边至少会有另一头雌鲸从旁协助。鲸宝宝一出生，咬掉脐带后，后续的动作必须快速进行，因为刚出生的鲸肺部还没有空气，此时身体的重量比水重，因此会往下沉。母鲸会立刻用嘴将小宝宝推到海面，让它呼吸到生平的第一口空气。

巨 婴

雌抹香鲸每 4 至 6 年才会生产一次，因此母鲸特别用心照顾小宝宝，时刻寸步不离。小抹香鲸出生时身长约 4 米，至少要哺乳一年时间，且 10 岁后才会离开母鲸所属的鲸群。

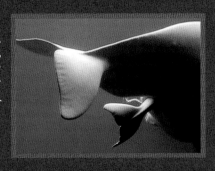
白鲸宝宝的诞生：鲸宝宝出生时是尾巴先离开母体。小白鲸出生时身长 1.5 米左右，重约 80 千克，身体还是灰棕色的。

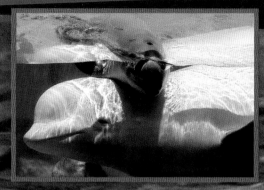

母鲸将小白鲸推到海面上呼吸。

花斑喙头海豚（熊猫海豚）是一种小型鲸，身长仅 1.5 米左右，幼豚出生时重量不到 8 千克。图中的母海豚正在喂幼豚喝奶。

学习潜水

幼鲸一出生就会游泳，但还无法待在水里太久。一般的成年鲸每呼吸一次就能在海底停留 40 分钟左右，但幼鲸每 4 到 5 分钟就必须换气一次。而练习必须是循序渐进的，刚开始母鲸会陪着小鲸一起浮上海面，后来每 10 分钟会让小鲸独自升到海面呼吸一次，母鲸则留在海面下 20 米处等候。

快快长大

小鲸一开始还不会在海里捕食，必须由母鲸哺乳喂养数个月，在这之前幼鲸当然得先学会如何在海里喝奶。母鲸为了让小鲸找到乳头，顺利喝到奶，会先在水里喷出一些脂肪浓郁的鲸奶，等幼鲸顺利找到位于胸鳍下的乳头后，便会饥渴地喝母奶。幼鲸刚出生时的体重达 2.5 吨，出生后体重迅速飙高，一星期后体重变成两倍。而人类的婴儿要在出生数月后，体重才会增加到原来的两倍。母鲸肚子饿的时候，会去猎食，这时候便由"阿姨们"，也就是族群里的其他雌鲸，负责照顾幼鲸。

团结力量大

有些鲸是独行侠，不爱群体生活，小鳁鲸便是一例。但多数的鲸习惯群体生活，就像人类的家庭一样，它们一起迁徙、猎食和分享食物，也会彼此帮忙哺育小鲸，一起保护幼鲸躲避掠食者的攻击。成年的抹香鲸会将幼鲸围在鲸群中央，形成一道保护墙，它们长大后几乎没有天敌。即便已经断奶，并且已经会自己觅食，但大多数幼鲸还是留在母鲸身边，跟着母鲸和阿姨们学习鲸生活的一切，例如：鲸语、抵御攻击者的本领、灵活高超的猎食技巧，以及茫茫大海里的生存之道。

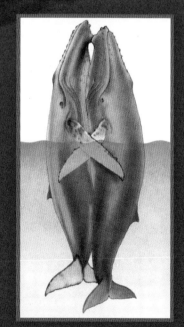

鲸之爱

有些鲸，如图上的座头鲸，会在水中以垂直的姿势，肚子贴着肚子进行交配。雌性鲸的妊娠期很长。

你知道吗？

在德语中，雌性鲸和幼鲸与母牛和小牛的说法是一样的，鲸群和牛群的称法也相同。在一个长吻原海豚的群体里，有多达数百只海豚。

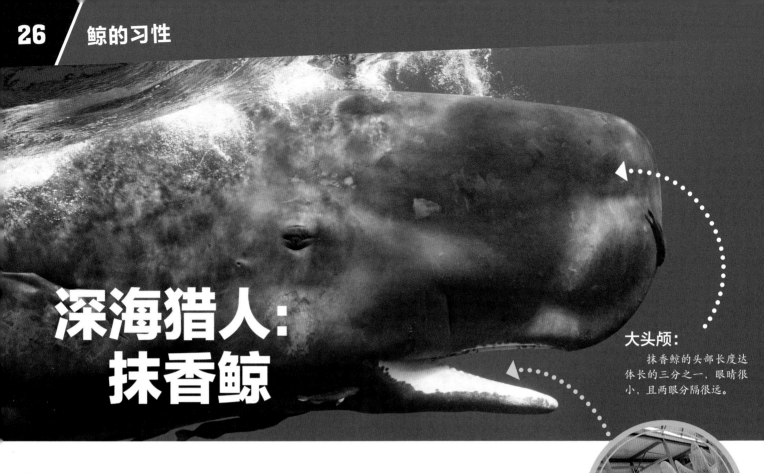

深海猎人:
抹香鲸

大头颅:

抹香鲸的头部长度达体长的三分之一,眼睛很小,且两眼分隔很远。

抹香鲸是世界上最大的齿鲸,它们的体长可达 18 米。这种体积庞大到令人瞠目结舌的海洋动物是潜水健将,它们的潜水能力也是海洋哺乳动物之最。抹香鲸可以在海底憋气一个半小时,潜入超过 1000 米深的海底,经证实,它们甚至可以潜入海平面下 3000 米!但多数抹香鲸每次潜水的时间在 20 至 60 分钟之间,深度约 800 米。

嗯……大王乌贼!

这头抹香鲸的身上有无数个疤痕,主要集中在巨大的头部,那是它与大王乌贼激战后的痕迹。大王乌贼是深海动物,它的吸盘带有锯齿且十分尖锐,在对抗抹香鲸时往往在对方身上留下印痕。到目前为止,人类还无缘亲眼见识到抹香鲸与大王乌贼的恶斗画面,但曾在抹香鲸的胃里发现数千个难以消化的大王乌贼吸盘。抹香鲸也会捕食章鱼及金枪鱼、鳕鱼,甚至鲨鱼,研究人员曾在抹香鲸的胃里发现长达 2.5 米的巨鲨残骸。

方形头颅

抹香鲸外形最明显的部分就是方形的头颅,它的头部很长,几乎占体长的三分之一。相反的,它的下颚显得极其小巧而短窄,但上面长有尖锐的牙齿。上颚虽然也有牙齿,但藏在里面没有露出,可以看到的只有被下颚牙齿刺出来的一个个圆锥形小洞。

抹香鲸的大头颅里有大大的脑,重达 10 千克,堪称动物界分量最重的头脑之一。这么大的头脑到底有什么用呢?脑部是抹香鲸的回声定位系统,可以利用发送出的声音回波计算环境的视觉印象。只有齿鲸会利用回声进行定位,须鲸通常不会。

抹香鲸下颚的牙齿仅用来咬住猎物,而不是用来咀嚼和撕扯猎物的肉。因此即使是上了年纪的老抹香鲸,下颚牙齿仍完好如初。最大的牙齿将近 1 千克重。

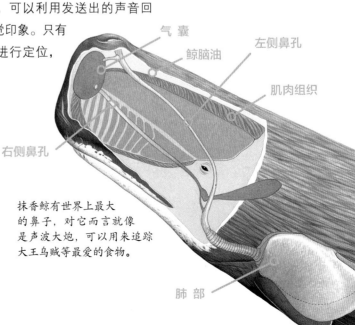

气囊
鲸脑油
左侧鼻孔
肌肉组织
右侧鼻孔
肺部

抹香鲸有世界上最大的鼻子,对它而言就像是声波大炮,可以用来追踪大王乌贼等最爱的食物。

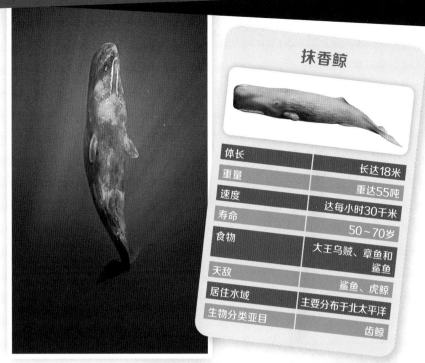

睡觉时，抹香鲸会身体垂直地悬浮在接近海平面处。

抹香鲸

体长	长达18米
重量	重达55吨
速度	达每小时30千米
寿命	50～70岁
食物	大王乌贼、章鱼和鲨鱼
天敌	鲨鱼、虎鲸
居住水域	主要分布于北太平洋
生物分类亚目	齿鲸

鲸脑油之谜

抹香鲸的头部还有数百上千升的鲸脑油，那是一种蜡状的液体物质，是过去捕鲸人觊觎的宝物。当时鲸脑油可以做成蜡烛，但抹香鲸的鲸脑油在鲸体内究竟有何功能，至今仍是个谜。鲸可以吞入大量的水，让自己的头部变重，因此可快速潜入海底。鲸脑油还具有吸附对鲸身体有害的氮气这一功能，这是由于从潜水状态快速上升时，溶解在血液和身体组织内的氮气会释放出来形成气泡，就像打开碳酸饮料瓶一样，而过多的氮气会造成所谓的"潜水病"。鲸脑油极可能也在回声定位机制上扮演重要的角色。你看吧，抹香鲸身上还有一大堆未解之谜。

超级鼻子

抹香鲸的鼻子极其沉重，且具有强大威力，其中含有一种脂肪组织，可以让抹香鲸发射出强而有力的声波炸弹。抹香鲸还会利用声呐系统从海面对它们最爱的食物——大王乌贼进行定位，然后往食物方向发射响亮的声波束，使猎物瘫痪、甚至杀死猎物。然后它便能悠然地潜入海里，肆意享受那些被它的魔音震住的佳肴。抹香鲸只要利用这支声波大炮，就能轻松打垮聪明、快速又孔武有力的对手。

成年抹香鲸实际上并没有天敌，但是刚出生的幼鲸身长只有4米，有可能会成为虎鲸或巨鲨的口中物，因此母鲸总是寸步不离幼鲸。

潜水多时的抹香鲸浮上海面时，会喷出消耗过的混浊空气，并伴随着犹如爆炸般的巨响。如果看到一只鲸喷出的水柱朝左前方倾斜45度角，那就是抹香鲸。

抹香鲸一旦发现猎物的位置，便会以垂直的姿态潜入海底。完成海底猎食行动后，它会重新回到刚刚入海的位置，因为幼鲸还在那里等待母鲸归来。

北冰洋的生活

白鲸非常适应冰层底下的奇妙世界。

有3种鲸特别适应北冰洋的生活：白鲸、有独特长牙的一角鲸及深色皮肤且力大无比的北极露脊鲸。鲸与鱼类的差异之处在于鱼类用鳃呼吸，因此可以在厚冰层下方的海底生存，但鲸必须定期回到水面呼吸。冬天一到，北冰洋许多地方开始结冰，鲸群为了生存必须迁徙到较温暖的海域过冬。等到春天冰层崩裂，冰洋开始融化时，鲸群才会再回到北冰洋海域。每年四月，白鲸和一角鲸群聚在格陵兰西海岸附近水域进行交配，到了四月底，威猛的北极露脊鲸也开始准备启程北行。这种庞大的鲸的身体呈纺锤形，没有背鳍，体长14至18米，重量可达60吨，头部巨大无比，几乎占了总体长的四分之一以上。

北极露脊鲸属于须鲸，会在接近海面处滤食水中的小型软体动物，即便在黑暗的北极冬季，它们也能在尖锐的大冰山之间自在游动。北极露脊鲸甚至会主动挑战薄冰层，它们会用犹如练过铁头功的大头从下方撞裂冰层，这样它们就能浮出海面呼吸。就像破冰船为其他船只在一望无际的浮冰层开辟航道一般，北极露脊鲸的这项行为，等于为其他鲸撞出一条出路，而尾随在它们后方的通常是白鲸。

玩耍的白鲸：顽皮的白鲸为了好玩，喷出环状气泡，然后又去抓气泡。

北极熊耐心守候在小冰洞旁，等待突击被冰层困住的白鲸。白鲸背上常常可以见到北极熊爪留下的深疤。

北极露脊鲸生活在北极浮冰群附近，科学家推测它们最久可活到200岁。

白鲸是群居动物，约有10头白鲸就可以组成一个小鲸群。不过在白鲸交配时期，小型白鲸群会集结成较大的鲸群。

受困冰层

鲸有时候也会被冰层困住，这时它们可能得在仅存的小洞口下方度过好几个星期。生活在北极地区的因纽特人非常熟悉这种能困住鲸的陷阱，常守在那里捕杀鲸。北极熊有时候也会苦守在那些小冰洞旁，试图用强劲的爪子捞出鲸，偶尔还真让它们如愿以偿地猎到鲸了。

鲸会趁着北极地区短暂的夏季不断进食，增加自己的脂肪存粮，因为不久后的八月中旬左右，它们又要启程前往南方。这是一次耗费体力的秋季迁徙之旅，无论如何绝不能让绵延不绝的冰海阻挡了去路。

海中的金丝雀

白鲸喜欢在浮冰附近逗留，白色皮肤在那里是最佳的保护色。由于白鲸喜欢在海底下聊天，声音听起来就像金丝雀在歌唱，因此捕鲸人戏称它们是"海中金丝雀"。白鲸的体型明显比北极露脊鲸小了许多，仅约4.5米长，每年会蜕皮一次。这层皮非常厚，是陆生哺乳动物的百倍之多，可以保护白鲸抵抗酷寒及避免受伤。此外，白鲸的皮肤中还储存了大量生命所需的维生素。

海中的独角兽

一角鲸外形独特，非常容易分辨，雄性一角鲸和部分雌鲸前额中央处有一根笔直呈螺旋状的长牙，这根牙长达2.5米。至于这根长牙究竟有什么作用，目前尚未有明确的考证，可能是用来抵御敌人攻击的武器。这根显眼的长牙极度敏感，一角鲸借助它可以感受海水的压力和温度的细微变化，因为长牙的表面布满了敏感的神经末梢。

长牙也可能是一角鲸用来对猎物进行定位的工具。雄性一角鲸有时候也会用长牙来一场剑击争斗，但或许这种"剑击"并不是在争斗，而只是一种简易的牙齿保健方法，是彼此在帮对方刷牙罢了。

独角兽

独角兽在神话里拥有神奇力量，神话故事里的独角兽坚不可摧，是善良与纯洁的象征，因此它的角是具有治疗能力的万灵丹，媲美黄金的价值。其实神话里的独角兽应该就是现实中的一角鲸的化身。

数千年以来，因纽特人驾着独木舟，手持鱼叉猎杀北极露脊鲸，从鲸身上取得珍贵的鲸肉及蕴含维生素的鲸皮。

温柔的大块头: 蓝鲸

蓝 鲸	
体长	长达33米
重量	重达200吨
速度	达每小时50千米
寿命	50岁以上
食物	浮游生物、磷虾和小型鱼类
天敌	虎鲸
居住水域	各大洋均有分布
生物分类亚目	须鲸

潜入海里前，蓝鲸会将硕大的尾鳍抬出水面。

蓝鲸是地球上有史以来体积最庞大的动物，体长可达 33 米，重达 200 吨，仅仅舌头就重 3 吨，相当于一只成年大象的体重。蓝鲸的心脏如同小汽车般大小，可以让 8000 升的血液在体内循环。蓝鲸可以游相当长的距离去寻找食物，地球上每个海域都有它们的踪迹，包括北冰洋、赤道和南极海域。生活在南极海域的蓝鲸体型最大，因为这里是它们最爱的食物磷虾的盛产地，绵延数千米长的磷虾群把整片海水染成红色。蓝鲸的喉腹具有弹性，让它的嘴巴可以张大到像一个房间那么大，要吃东西的时候，只要张开大嘴，往磷虾群方向用力一吸，一次就可以吃下 90 吨的磷虾汤。等到食物容量够了，蓝鲸便会合上嘴巴，重新收紧张开的喉腹，再用强劲的舌头将海水从鲸须板间挤出，鲸须就像滤网一样，只会留住磷虾。这种捕食方法被称为"滤食法"，蓝鲸利用这种方法每天吃进大约 4 吨的磷虾。

独行侠

蓝鲸在何处交配及如何哺育幼鲸，这些问题至今仍是个谜。蓝鲸并非群居动物，由于人类滥捕蓝鲸，造成蓝鲸的数量锐减，但在禁止捕鲸后，蓝鲸的数量也未见增加，因此雄蓝鲸和雌蓝鲸碰头的机会越来越少。蓝鲸可能会在赤道附近海域过冬时进行交配，并在这里生下小宝宝。蓝鲸宝宝一出生就有约 7 米长、2.5 吨重，出生后 200 天是小蓝鲸的哺乳期，哺乳期结束后，小蓝鲸可长到 13 米长、重 20 吨以上。小蓝鲸为了快速长大，它们每天吸食 200 至 500 升的母奶。营养丰富的鲸奶中脂肪含量高达 50％。由于小蓝鲸的嘴唇还无法正确吸食，因此母鲸直接将浓稠的母奶喷进小蓝鲸的嘴里。

搁浅！蓝鲸濒临灭绝！

北大西洋露脊鲸正在求偶。

体积最庞大的动物

潜水员游在地球上体积最庞大的动物——蓝鲸身旁，相比之下真是太小啦。

露脊鲸

北大西洋露脊鲸和北太平洋露脊鲸的数量已日渐稀少，它们属于露脊鲸科，因此没有喉腹的褶沟。和所有露脊鲸科的鲸一样，它们也没有背鳍。露脊鲸有呈弓状的嘴巴和占总体长约四分之一的巨大头部，外形特别显眼的是头上的硬皮，就在上颚上方的前端处，因此又称"帽子"，鲸专家甚至能根据这块凸起的"帽子"分辨个别的鲸。露脊鲸的头部还有些微毛发残留，证明它们是源自陆地的哺乳动物。露脊鲸每天喝下约2000升的"浮游生物汤"，它们紧贴在海平面下方滤食，只要张开大口就能轻松饱餐一顿。

灰鲸

体长	长达15米
重量	重达35吨
速度	达每小时14千米
寿命	50~60岁
食物	浮游生物、小型鱼类、小型海底生物
天敌	虎鲸
居住水域	北太平洋
生物分类亚目	须鲸

灰　鲸

这头灰鲸好奇地把头部扬出海面，并且四处张望，这个动作的英文叫作"Spy-Hopping"，即"浮窥"的意思。

灰鲸因灰色皮肤而得名，从远距离来看，灰鲸的皮肤上由于有藤壶和贝类寄居，让人误以为它身上有白色斑点。灰鲸喜欢在沿岸的浅水滩觅食，它们会侧身滑行，几乎紧贴着海底移动，先将海底泥沙吸入嘴巴，再利用粗壮的鲸须板滤食淤泥中的管虫、虾、蟹和海蚯蚓。灰鲸是社交型动物，有人见过灰鲸帮助生病或受伤的同类浮上水面呼吸。

海岸附近常见灰鲸的上半身升出水面的景象。

露脊鲸

体长	长达11至18米
重量	重达100吨
速度	达每小时9千米
寿命	约65岁
食物	浮游生物和磷虾
天敌	虎鲸
居住水域	北大西洋和北太平洋
生物分类亚目	须鲸

海豚家族

看看海豚的嘴巴就知道海豚属于齿鲸，左图为一只白喙斑纹海豚。

加湾鼠海豚虽然外表看起来像海豚，但它不是海豚。因为是加利福尼亚湾的特有物种，因而得名。

　　海豚的外形与蓝鲸或座头鲸完全不同，但同属鲸类。海豚和庞大的抹香鲸一样属于齿鲸，但它们自组一个海豚科家族。海豚升出水面东张西望或发出唧唧声响时，只要看看它的嘴部，就知道它们确实属于齿鲸一族。

　　海豚外形的其他典型特征还有尖尖的嘴、镰刀状的背鳍和修长的身形。生物学家还发现海豚骨骼上两个与众不同的特征：海豚的前两个颈椎黏在一起，而且海豚的肋骨数量比其他鲸要少。

海豚和牛有何关联？

　　和所有其他鲸一样，海豚也是哺乳动物。它们的祖先是数千万年前生活在陆地上的四足哺乳动物，但后来又回到海里生活。这是从出土化石及鲸豚身上退化的骨盆所证实的，研究学者认为鲸和现存的偶蹄目动物，例如牛，源于相同的祖先，也就是说海豚和牛是远亲。

适应海中生活

　　抛开陆地动物的历史后，海豚完美地适应了海中生活。海豚的流线型身躯让它们成为快速又优雅的游泳健将，通过尾鳍的驱动，海豚轻轻松松就能达到每小时 50 千米的游泳速度，它们的前肢已演变为"鳍状肢"，类似船桨功能的鳍状肢无驱动力，只用于控制方向。海豚利用背鳍使自己的身体在水中达到

巨头鲸

巨头鲸也属于海豚科，又名长肢领航鲸，因为数量可达 1000 头的族群总是跟随着一头领航鲸的引导前进，因而得名。

糙齿海豚

真海豚

条纹原海豚

花斑原海豚

沙捞越海豚

白喙斑纹海豚

暗色斑纹海豚

长吻原海豚

土库海豚

平稳，但有些海豚，如北露脊海豚，它们的背鳍已经退化了。

海豚是恒温动物，能调节自己体内的温度，保持恒温状态。它们的皮肤底下有一层具备隔离作用的特殊厚脂肪层，即所谓的鲸脂，因此在冰冷的水里不会流失身体热量，还能储存能量。

海豚宝宝吸食母奶，呼吸时必须浮上海面，这些习性和其他鲸一样。

为什么要区分鲸和海豚？

其实没有特别的理由。在 90 多种鲸中，有 70 余种属于齿鲸，其他一小部分属于须鲸。但齿鲸中还有一个数量庞大的海豚家族，它们的数量几乎是所有鲸总数的二分之一，或许这就是为什么必须特别将海豚与其他鲸区分出来的原因。除了吻部明显的宽吻海豚以外，海豚家族还包含许多属性有时候不是那么明显的种类，例如虎鲸和巨头鲸，从它们的外形看不出和海豚的关系。

鼠海豚——不是海豚

鼠海豚常被误以为是海豚，但其实并不是。它们虽然属于齿鲸，但只算是海豚的近亲。这种小型鲸也出现在北海和波罗的海水域。鼠海豚的体型比大多数海豚短而结实，拥有浑圆的头部，但没有尖长的嘴喙。它们也很少跳跃，夜间会游到水面上休息。

海豚的家族生活

海豚喜欢集体生活，因此人们常常可以见到一大群海豚集体行动。在这种由许多海豚组成的大家庭中，海豚可以彼此照应，与家族成员在一起，也会让海豚感到有安全感。海豚彼此之间常常聊个不停，不时发出类似口哨的声响。每一只小海豚学习到自己独特的哨声，那就像是它的名字，会伴随它一生。海豚妈妈会发出这个独特的哨声，呼喊自己的孩子。海豚发现鱼群或乌贼群时，会发出信息通报给其他家族成员。它们还会发出鸣叫、尖叫和嘟哝声，并商讨捕猎策略，一起绞尽脑汁商议如何引诱猎物落入它们的陷阱。即便在黑暗中以及混浊的海水中，它们还是能找到猎物，利用的就是所有齿鲸都具备的回声定位能力。海豚会先发出数个高音，然后利用回声形成对周围环境的视觉印象。它们也利用声音扰乱猎物，合力将鱼群团团围住，再猛力攻击已经挤成"猎物团"的鱼群。此外，海豚甚至还会发出巨大的声波震晕猎物，如此一来，捕获猎物就更是易如反掌了。

海豚是真正的语言高手，经过学习后，它们也能看懂人类的许多肢体语言。

海豚吵架

海豚家族里偶尔也会意见不合，这时它们会张开大口，朝对方"破口大骂"。

猎物团

极致呵护

海豚宝宝如果离开妈妈太远，海豚妈妈会立即把它拉回自己身边，放在鳍状肢中间数秒钟，这可能是对宝宝的惩罚，但也可能只是一种警告："待在我身边，这里才是你的位置。"

嬉戏和玩乐。长吻原海豚是顶尖的特技专家，它们跃出水面后还能在空中回旋，再落入水中。它们在做这些特技表演时，好像也乐在其中。

磨蹭、抚摸、嬉戏

　　群体中的海豚彼此互动非常亲密，它们习惯将身体紧靠在一起，不时变化位置，并用鳍部抚摸彼此或轻碰对方，它们非常享受这种肌肤贴近的感觉。海豚妈妈和海豚宝宝之间也几乎形影不离，亲密的抚摸更是频繁。

　　海豚利用这些亲密的举动建立信任感和友谊，也不时通过这样的行为彼此确认可互相信赖的关系。海豚也会帮助和照顾生病或受伤的家族成员。

逗趣又绝顶聪明

　　有些海豚身怀绝技，会翻跟斗、空中旋转或用尾鳍在海面滑行，也常将整个身体弹跳出海面，常常玩得不亦乐乎。海豚是具有高智商的动物，事实上仅从它们集体合力猎食的行为来看，就证明它们具有相当程度的高智商。1991年，研究学者在澳大利亚的沙克湾观察野生的宽吻海豚时有了惊人的发现，研究人员发现它们会到海底捉取海绵动物套在嘴上，有了这层"海绵保护套"后，海豚在捕捉躲在海底泥沙里的小鱼时，可以避免敏感的嘴部因碰触到尖锐的牡蛎或珊瑚礁而受伤。它们会用嘴部划过海底淤泥，惊动躲在淤泥里的小鱼，然后趁机吃掉它们。但会利用海绵保护进行猎食的几乎清一色是雌海豚，它们也将这项技能传授给女儿，并且也只有少数沙克湾的海豚会使用海绵来猎食，其他多数海豚还是宁可捕猎在海中游来游去的鱼群，不愿意花费这么多力气。

聪明绝顶：有些海豚还会使用工具。在猎捕躲在海底淤泥里的小鱼时，它们会利用海绵动物来保护嘴部，避免受伤。

人类的 好朋友

海豚个性温驯，看见潜水员一点也不怕生。

海豚好像会笑，因为它们的嘴角上扬。光从它们的面部表情来看，海豚对人类很亲切。

每个人都喜欢海豚，因为它们会笑、聪明又会帮助人类。早在古希腊时期，就有航海人描述海豚助人的事迹，所以古希腊人尊海豚为航海人的守护者。在其他古文明中，鲸和海豚也都是神圣的动物，新西兰的毛利人则奉鲸为守护者。

有个神话说，第一位毛利人就是被鲸所救，骑乘在鲸背上来到新西兰的。有些美洲西北方的印第安部族也非常尊崇鲸，尤其是虎鲸，他们认为虎鲸具有威猛的超自然本质，而根据他们的信仰，虎鲸是去世酋长的化身。

被海豚所救

常有野生的海豚想要靠近人类，和人类玩耍，宽吻海豚费利波就是其中一例，意大利南部海港城市曼弗雷多尼亚的每一位居民几乎都认识它，因为它曾经勇救 14 岁的大卫。当时大卫从父亲的船上落海，眼看就要溺毙时，费利波出现了，它用嘴部将不会游泳的大卫推到海面，直到有人将大卫救起。海豚会有营救溺水者的行为，可能和它们与生俱来的家庭观念有关。它们会将快溺毙的人带到水面，是基于幼豚出生时它们会将幼豚推到水面呼吸，海豚也会将生病和受伤的家族成员包围在群体中央，并从下方支撑，保护它们。在海中游泳的人不期然被大白鲨盯上时，海豚甚至会将游泳的人包围在它们中央，一直到救援艇将人救离水面为止，让大白鲨没有机会下手。海豚营救的对象并不仅限于同伴和人类，海豚甚至还会照顾海豹。

罗马马赛克图腾上，小天使形象的爱神骑在海豚身上。

真正的英雄

宽吻海豚出英雄，常有救助落海人员及溺水者的事迹。

→ 你知道吗？

非洲的毛里塔尼亚人长久以来就有借助海豚帮忙捕鱼的传统：渔夫先把木棒丢入水中，这是给海豚的信号，通知海豚一起来捕鱼。一群宽吻海豚会将鱼群往海岸方向驱赶，直接赶入渔夫的渔网里，当然，渔夫会留给海豚一些鱼作为回赠。

海豚疗法：
人类与海豚的接触具有医疗的效果。

海豚寻求协助

海豚在水里时各方面都比人类强，但偶尔也需要人类的协助。2013 年初，夏威夷发生了一件不可思议的事情，一群潜水员想夜潜拍摄大魟鱼，这时一只宽吻海豚主动靠近他们，还用左侧胸鳍"打手势"告知他们自己陷入困境。原来这只宽吻海豚的胸鳍被钓鱼钩刺入，还被钓鱼线紧紧缠绕，钓鱼钩刺得它很痛，影响了它的行动。这只海豚不断绕圈靠近潜水员，显然知道可以向他们求救。潜水员发现海豚身上的钓鱼钩后，其中的凯勒·拉罗斯靠近它检查状况，海豚显得相当安静，当凯勒抽出随身携带的锐利小刀切断钓鱼线时，它也相当镇静。这只海豚摆脱钓鱼线的束缚后，立刻游到水面呼吸，随后又回到潜水员身边，因为钓鱼钩还插在胸鳍里。只是钓鱼钩插入太深，潜水员拔不出来，最后海豚似乎还是很满意，至少已经摆脱恼人的钓鱼线，于是消失在黑暗中。

海豚医生

海豚也常被运用于治疗生病或肢体障碍的小孩，医护人员会让病童和海豚在水里相处一段时间，孩子可以抚摸海豚，和它们嬉戏。海豚会小心翼翼地和病童玩耍，仿佛知道怎么做才对这些小病童有帮助。与海豚的相处对病童而言是难以忘怀的经历，对病童身体也会产生正面的影响。

宽吻海豚
与亚河豚

海豚的特殊能力与其生活环境有关，我们常见的海豚大多是生活在海中的宽吻海豚，但淡水河中也有海豚。

宽吻海豚

很多人是从电视上认识到宽吻海豚的，在美国电影《海豚飞宝》中，飞宝在每一集里总是奔波于各地扮演救难英雄，为了拍摄这部电影，剧组请来数只驯服的宽吻海豚来扮演飞宝，但在大自然中，宽吻海豚确实喜欢与人类接触，常与游泳的人和潜水员嬉戏。宽吻海豚喜欢群体生活，群体最多可达数百只海豚，它们常常爱跟着船只前进，追逐船首扬起的波浪，玩着乘风破浪的游戏。它们可以利用强而有力的尾鳍跳出水面，飞跃在空中，还能在空中回旋或翻跟斗。

用沙子捕鱼

宽吻海豚堪称地球上最聪明的动物之一，它们会设下一大堆陷阱来捕猎鱼群和乌贼。研究人员在美国佛罗里达州发现当地的海豚具有一种杰出的捕猎行为，它们的领头者会在浅水处绕圈游行，并用强劲的尾鳍卷起海底里的泥沙，附近的鱼群便被困在泥沙弥漫的漩涡里，为了脱困，鱼儿会纷纷跳到空中，这时海豚只要张大嘴巴，就能轻轻松松地享受美食。

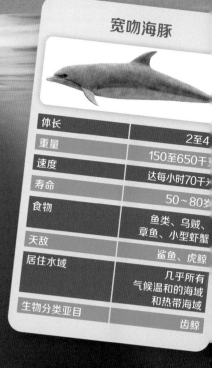

宽吻海豚	
体长	2至4
重量	150至650千
速度	达每小时70千
寿命	50~80岁
食物	鱼类、乌贼、章鱼、小型虾蟹
天敌	鲨鱼、虎鲸
居住水域	几乎所有气候温和的海域和热带海域
生物分类亚目	齿鲸

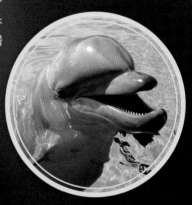

➡ 你知道吗?

聪明绝顶的海豚可以看出镜子里的影像就是自己，研究者一直以来深信只有人类和猩猩才具备这种能力，但事实上宽吻海豚也非常清楚这一点。研究者在海豚的皮肤上做记号，海豚看见镜中的自己时，突然产生非常惊讶的反应，研究者由此认定它们认得镜中的自己。

宽吻海豚喜欢在船首波浪上冲浪，既可以从中获得乐趣，又能节省体力。

恒河豚也对大河坝深
恶痛绝，这种河豚的
数量正在锐减，这也
让恒河豚的繁殖变得
越来越困难。

典型特征
亚河豚科的典型特征就
是小眼睛和长型尖嘴。

亚河豚

　　海豚的踪迹遍布全世界的海域，但有些
种类生活在淡水河中，早已适应了混浊河水
里能见度差的环境。它们会用醒目的长型嘴
翻搅河底淤泥，寻找食物。和海豚不同的是，
亚河豚的头部可以活动，这对生活在河里的
它们而言，是一种绝佳的优势，例如亚马孙
河豚就是利用这项优点在河水泛滥的丛林里
生存。因为在混浊的河水里，眼睛无用武之地，
有些亚河豚几乎全盲，但利用声呐机制能弥
补这项缺陷。

白鳍豚

　　白鳍豚又称长江河豚，生活在中国长江
水域。因为人类的缘故，白鳍豚的生存空间
遭到严重威胁，尤其是大河坝限制了河豚原
本习惯的自由活动空间，白鳍豚还常因与汽
艇相撞而亡或落入渔夫的渔网。

　　以前经常可以看到 3 到 10 头白鳍豚结
群生活，但现在偶尔才能看见单个的独行侠。
它们面对人类时显得相当胆怯，那是因为，
人类对长江的过度开发、污染，以及繁忙的
水上活动打扰了白鳍豚的生活，造成白鳍豚
的数量逐年递减。白鳍豚在 1983 年被列为
保护动物，但为时已晚。1986 年时仅剩 300
头白鳍豚，1998 年甚至仅剩 7 头。在 2006
年和 2007 年间，一支国际研究队试图寻找
白鳍豚的踪影，但一无所获，白鳍豚很有可
能已经全数灭绝。

亚马孙河豚
是最大的淡水豚类，体长可达 2.7 米。
它们生活在亚马孙河流域和南美洲的奥里
诺科河水域。

虎鲸的眼睛后方有一块明显的白斑。

浮窥：虎鲸垂直立在水里，正在窥视四周环境——啊，有人！

虎鲸：团结力量大

如果你看见一个黑色巨型背鳍划过海面，紧接着又看到另一个背鳍出现，接着又来一个，那就是虎鲸，又称"逆戟鲸"。虎鲸群聚而居，捕猎时也习惯打团体战，它们没有天敌，甚至连大白鲨也不放在眼里。虎鲸是地球上体积最庞大的海豚科生物，雄虎鲸体长可超9米、重达10吨，雌虎鲸则略小。

虎鲸最明显的外形特色是黑与白组成的体色图样及巨大的背鳍，研究学者可以从背鳍的形状和凹痕清楚分辨出个体。虎鲸的胸鳍是全黑的，呼吸时喷出的水柱是倾斜的，又粗又矮。

背 鳍

雌虎鲸的背鳍呈镰刀形，可以在鲸游动时保持身体平衡，类似帆船的主帆功能。雄虎鲸的背鳍可达1.8米长，但和雌鲸的镰刀形背鳍不同，雄虎鲸的背鳍是直立的。

危险的掠食者

虎鲸也叫杀人鲸，它们尖锐的锥状牙齿长约7厘米，下颚异常有力。虎鲸的身体也非常强壮，宽宽的尾鳍让它加速起来如虎添翼。虎鲸还是动作敏捷的猎人，但它们虽然是恐怖的掠食者，但至今还没有野生虎鲸攻击人类的记录。有水手曾亲眼看见虎鲸猎食海豹，甚至对付其他种类鲸的残暴景象，因此人们称它们为杀人鲸。虎鲸其实只是聪明又动作敏捷的猎人，具备高超和计划缜密的捕猎技术。

"你们看，那里有好吃的！"
"嗯……有好吃的海豹。"

小虎鲸长年待在母鲸身边，因为它们要学习很多事情。

学习说话

　　小虎鲸紧随在母鲸身边，但由整个鲸群合力照顾。年纪较长的虎鲸负责教导幼鲸学习家族语言，虎鲸非常喜欢聊天，它们通过歌声和一长串诸如咕噜、嗡嗡、尖叫、哨音、嘶吼或咔嚓等各种声音进行沟通，研究学者能分辨虎鲸约20种不同的声音表达。虎鲸的语言能力不是与生俱来的，而是和人类一样必须通过学习来获得。虎鲸宝宝一开始和人类的婴儿一样，只会含糊嘟哝着，虎鲸妈妈会对着幼鲸说出正确的用语，直到幼鲸能发出正确的声音为止。

家族的意义

　　虎鲸家族的成员一般有6至40头，终其一生大都生活在一起，共同迁徙，共同猎食，当然也一起分享猎物。成员达40头左右的虎鲸家族为了确保运作顺畅，每头鲸被分派到的工作并不一定是自己喜欢的，但为了家族的团结得以维持，鲸彼此之间必须达成"协议"。家族的领头鲸一定是年纪最大、经验最丰富的雌鲸，它是最常发言、也是说话最响亮的老大，家族的一切决定由它说了算。虎鲸大半时间都在嬉戏和彼此讨好。

菜　单

　　有些虎鲸特别喜欢吃鱼，挪威沿岸海域的虎鲸家族就很擅长捕鲱鱼。鲱鱼习惯成群活动，试图混淆掠食者。鲱鱼结群行动时，掠食者往往无从下手，也无法跟踪，所以想要猎食鲱鱼，就要学学挪威的虎鲸出奇招。严格的分工是它们"猎鲱策略"最重要的先决条件，做法是先由几头虎鲸从侧边包围鱼群，同时做自转动作，让腹部的白色不时闪烁，进而刺激鲱鱼，让鱼群全挤在一起，接着由数头虎鲸守在鱼群下方，避免鱼群从这里逃脱到深海。包围鱼群的虎鲸也会开始吐出气泡，形成一道气泡帷幕，将鱼群团团围住，一边让鱼群挤成一团，一边往海平面方向移动。紧接着就是虎鲸最令人称奇的攻击步骤了，此时所有的虎鲸会开足强劲尾鳍的马力攻击鱼群，震得鲱鱼个个眼冒金星、晕头转向，紧接着浩大的掠食行动就此展开。虎鲸无论猎食哪种猎物，鲱鱼、鲑鱼、企鹅、海豹、海狮、鳐鱼、鲸或是鲨鱼，总是能精心策划出别出心裁的猎杀招数。

2

3

虎鲸利用一致的游行动作，产生巨大海浪，让冰层摇动。

海浪将海豹从浮冰上晃落，直接掉进已经张开口等候的虎鲸嘴里。

遭迫害的鲸

一艘日本捕鲸船在南极海域杀死一整群小鳁鲸。

人类出海捕鲸已经有数百年历史，水手会站在高高的船桅上眺望远处，一旦看见鲸群的呼吸喷泉，便会大喊"鲸，有鲸在那里喷气！"这时其他的水手会飞快放下小船，使劲地划桨，跟随着鲸群而去。一旦发现鲸踪影，标枪手会瞄准鲸的腹部丢出手中的大鱼叉，如果成功捕猎到鲸，便能得到大量的鲸肉和鲸油。第一座捕鲸站于17世纪在挪威成立，自此形成鲸产业。

愤怒的鲸

在过去以帆船为主要捕鲸工具的时代，捕鲸是一种辛苦但有利可图的事业，很多捕鲸人因而致富，但也有不少人断送宝贵生命，不少水手后悔上了捕鲸船。有些受了伤但躲开人类猎杀的鲸会攻击捕鲸小艇或捕鲸船，甚至有抹香鲸撞沉捕鲸船的事件发生，也因此诞生了美国著名的长篇小说《白鲸》。

捕获到的鲸有何用途？

没有电力、也尚未开采石油的19世纪，人类利用鲸油制成的油灯和蜡烛为屋内照明。除此之外，鲸油还能做成肥皂，鲸肉则成为人类的食物。

在当时的时尚产业，鲸也扮演重要的角色，高贵的女性会利用鲸须做成的紧身胸衣来保持身型，因此为了女性的美丽，牺牲了许多鲸的生命。鲸须还能制成刷子和雨伞。

大炮对准鲸

19世纪中期，人类发明了捕鲸炮，这是一种用大炮发射鱼叉的工具，可以射中50米距离内的鲸。对捕鲸人而言，有了这项武器，捕鲸的工作就不再那么危险。人类后来又发明大型船只，更能肆无忌惮地猎捕让捕鲸人收益满满的大型鲸——露脊鲸，这种鲸在英语中叫"Right Whales（合适的鲸）"，代表露脊鲸是捕鲸人真正想要捕猎的对象。

面对这些快速的大型捕鲸船和具有爆裂威力的强力鱼叉，鲸完全没有招架能力，短短几年内，许多原本数量庞大的鲸种类几乎濒临灭绝，如蓝鲸和北极露脊鲸。禁止捕鲸后，鲸的数量直至今日也不见回升。

1986年，国际上已禁止商业捕鲸，目前仅剩如因纽特人这种以捕鲸为生的少数传统种族仍被获准猎捕鲸，但也仅限于极少的额度。但某些国家，如日本，并未严格遵守国际捕鲸禁令。

19世纪中期人类发明了捕鲸炮，捕鲸人将捕鲸炮安装在捕鲸船的船头，就像发射大炮一样对准鲸发射。射中鲸后，鱼叉尖端的爆破装置会造成鲸死亡，这就是捕鲸工业的开端。

鲸走入时尚，高贵女士的紧身胸衣内有鲸须。

《白鲸》

一头名叫莫比·迪克的白色抹香鲸咬断了亚哈船长的一条腿，这让亚哈船长非常生气，他从此决定复仇。小说内容取材于 1820 年 11 月 20 日发生在太平洋的惊悚事件，这一天，一头头部有着白色疤痕的抹香鲸数次冲撞"埃塞克斯号"捕鲸船，最后导致船只沉入海底，这头鲸被取名为莫比·迪克。小说最后的结局是鲸战胜了亚哈船长。

欲哭无泪！一间鱼肉专卖店用一张微笑鲸的图样帮鲸肉打广告，但鲸根本不是鱼！

绿色和平组织的
"希望号"研究船，
会帮助陷入冰层
的鲸。

保护鲸

鲸在海里已经生活了 5000 万年，是人类历史的许多倍。鲸这种令人印象深刻又难解的动物，在海洋生态中扮演着非常重要的角色，然而人类却是杀害数百万头鲸的罪魁祸首，多种鲸已经濒临灭绝。即便国际上已经禁止捕鲸，但滥捕滥杀鲸的事件仍层出不穷，除此之外，环境污染和海底噪音更是严重威胁到鲸的生存空间。由于雌鲸每胎基本上只产一头幼鲸，且每 4 至 5 年才会生育一胎，因此鲸的数量增加非常缓慢。

为了让鲸能有机会延续生命，许多人士和组织呼吁大家一起保护鲸，他们联合科学家的力量，研究鲸的生活习性和环境，成立鲸保护区。过去每年都有数十万只海豚不慎落入捕金枪鱼的渔网里，但自从引入有利于鲸的新型捕鱼方式后，误入渔网的海豚数量明显减少。喜欢吃金枪鱼的人在吃金枪鱼时，偶尔也要想一想它们是如何被捕获的，有意识的关怀便有可能拯救海豚。

海洋垃圾场

许多海洋生物的家园被人类当作垃圾场：工厂将工业废水排入河流和海洋，船只上的垃圾直接倒入海中，游客也毫无公德心，乱丢空瓶子和饮料罐……于是鲸和海豚的体内累积了许多危险的有毒物质，例如汞。这些有毒物质不断侵蚀动物的健康，种下病因。油轮翻船和海上油田安全事故，会导致石油泄漏到海里，造成整个海域的严重污染，也会污染鲸和其他海洋生物的食物。

人类的塑料垃圾进入海里，严重威胁着鲸的生存。

在全世界受污染频率最高、毒性最强的一条纽约航行水道里，一只海豚正在垂死挣扎。

研究学者为了研究鲸，用渔网捕捉这只雌亚马孙河豚，研究结束后再将它放回海里。

危险！护鲸人士乘坐橡皮艇拦在鲸和捕鲸船之间。

海底噪声

船只的引擎、螺旋桨、水上摩托车和震耳欲聋的各种机器，人类的杰作几乎一天 24 小时在海底不停歇地制造噪声。这些噪声压力对听觉敏锐的海豚和鲸而言，具有致命的危险性。生活在船只航运频繁区域的海洋哺乳动物，和住在交通繁忙街道附近的人类一样，都有类似的烦恼。海底噪声也会让动物生病，特别是会发出刺耳声音的潜水艇声呐，杀伤力更强。鲸研究学者相信，鲸会频频搁浅一定与军事潜水艇的定位系统有密切关联，潜水艇发出的声音可能导致鲸的内耳严重受损，造成它们失去辨识方向的能力。

动物园里的鲸

虎鲸和其他的海豚很有学习天分，能够学会令人啧啧称奇的技能，它们会玩球，让驯兽师骑在身上，或用嘴尖将人抛到空中。鲸是水族馆、海洋公园和动物园里的镇馆之宝，能够吸引数百万游客前来参观，但将鲸养在水族馆里一直备受争议。鲸习惯千里跋涉的迁徙生活，但水族馆或动物园的水池当然比海洋小很多，在海洋的虎鲸一天游行距离超过 100 千米，但在长度有限的水池里就没法这么做，甚至连潜水或猎食也不可能，因此动物园的水池必须越大越好，才能给予鲸尽可能大的空间。

海豚聪明又贪玩，常会耍些特技来娱乐人类。但如果能在大自然中跟同伴一起，它们应该会更快乐些。

专访海里的大"鱼"

你是虎鲸，又叫杀人鲸，请问你究竟有多危险呢？

这么说好了，如果你是海豹，那这场专访现在就结束了。

幸好我不是海豹，你喜欢吃海豹，但有些虎鲸喜欢吃企鹅，还有……

鳐鱼、小鲨鱼、大型鲨鱼也爱，当然还包括各种海洋动物。但你们人类也爱吃：有些人爱吃牛肉，有些人爱吃羊肉，有些人爱吃米饭，有些人喜欢吃面食和马铃薯，有些人爱吃糖醋鸡，有些人则爱在热腾腾的圆形面包片上添加西红柿和奶酪。

你最后说的应该是比萨！不同的国家和文化有不同的食物和语言。

这跟我们一模一样，我们在食物和语言上也不相同，如果有陌生的虎鲸从身旁经过，我马上就听得出来。

但我必须再问一次，你们为什么又叫杀人鲸？

现在别再提什么杀人之类胡说八道的话啦，我们也是要名誉的啊！这称号是捕鲸人取的，因为他们看过我们猎食其他鲸，那是体型比我们庞大的鲸。但我们不会吃人类，不信可以去问问那个英格丽特。

新西兰的英格丽特·韦塞？

她是一个很赞的人，非常亲切，又超级能干。每当我们不小心在岸边搁浅时，她总是不厌其烦地送我们回海里，有时候还会陪我们游泳。

对了，你们身上的黑白熊猫装真好看。

黑白搭配就是很适合我，好了，那就保重啦。再见，我的朋友！

再见，真高兴能跟你聊天。

姓名：爱文化（虎鲸）
类型：齿鲸
兴趣：与英格丽特一起游泳和啃鲨鱼

姓名：一点都不肥（蓝鲸）
类型：须鲸
兴趣：在海里悠游和大吃磷虾

哇，你真的是条肥鱼！

（大声地喷气）你知道这是什么吗？

哇哦，壮观又华丽。

这是所有鲸中最高的喷气，足足有 12 米的高度。是谁喷的？我告诉你，是我——蓝鲸。鱼类是不会喷气的。

我知道，你跟我们人类一样是哺乳动物。

那也说明了人类是一种厉害的动物，有聪明的脑袋，有很棒的想法和发明，例如石器时代的石斧、太空航行、手表、领带、加了红色酱汁的长面条……但那个挪威人福伊恩就真的不怎么样，他发明的捕鲸炮炮口总是对着我们，那玩意儿真糟糕。

我真的觉得很抱歉，但我从来没害过鲸……我可以发誓。

那我就相信你一次。但你的脑袋管不管用呢？老实说，我还真怀疑你那颗脑袋聪不聪明。

这我可以保证，我会去思考孩子感兴趣的问题，例如：如果你站在体重秤上，体重秤会说什么？咦，还是说要躺着呢？

将近 200 吨的重量压在那上面，它除了碎掉还能说什么？（清清喉咙）下一个问题！

有想过再回陆地上生活吗？

我又不是疯了，我在陆地上要怎么生活？找个舒服的姿势随便躺着，然后啃啃青草？陆地上太干燥，地心引力又太强了。

你是说，你的重量会有问题？

这么说好了，我是地球上体积最庞大的动物，这件事也让我感到很震惊，我甚至比恐龙更大、更重。

如果我请你吃饭，你想吃什么？

磷虾、磷虾、还是磷虾，而且越多越好。我每天要吃掉 4000 万只磷虾。

哇，这么多！

改说只吃 4 吨如何？这样你听起来会比较不那么夸张……

就这么说好了，反正就是胃口好。

（嘴里嘟哝着）那我就独自享用喽！

名词解释

鲸 须：须鲸嘴部上颌的角质板，须鲸利用鲸须滤食水中的浮游生物、磷虾和小型鱼类。

须 鲸：须鲸和右边图片中这头"挥着手"的座头鲸一样没有牙齿，它们是滤食性动物，会用鲸须滤食水中的食物。

喷气孔：鲸的鼻孔。喷气孔位于头顶上，鲸潜入海中前会关闭喷气孔。齿鲸只有一个喷气孔，须鲸有两个紧邻的喷气孔。

鲸 脂：鲸皮肤下方厚厚的脂肪层，功能在于储存能量，并隔绝外界冰冷的世界。

鳍状肢：桨状的胸鳍，类似方向舵的功能，用来控制前进方向。

回声定位：齿鲸会发出一种短音，声音碰到障碍物后会反射回来。这种作用类似潜水艇的回声探测仪，可以帮助它们在海底进行定位，即使在能见度不佳、黑暗的深海和夜间环境中也能辨识方向。

背 鳍：背鳍协助鲸保持在水中的平稳，有些鲸的背鳍看起来并不明显，只有一个小小的带状隆起。

尾 鳍：鲸有呈水平方向的扁平状尾鳍，会随着肌肉上下摆动，提供强大的前进驱动力。

露脊鲸：它们在英语中之所以被称为"Right Whale"是因为捕鲸者认为它们是理想的捕猎对象。因为它们会在陆地的视线范围内游泳且游速很慢，容易捕捉。食物主要为浮游性甲壳类、磷虾等，脂肪较厚。

海 豚：齿鲸亚目，具有齿鲸类典型的形态学性状。因此海豚也是鲸类。

亚河豚：一种生活在淡水河的豚类，它们已经完全适应了河里能见度不佳的环境。

角蛋白：角质的主要成分，是指甲、头发和鲸须形成的要素。

浮游生物：悬浮在水层中且游动能力很差，主要受水流支配而移动的生物。包括体型微小的原生动物、藻类等。

磷 虾：身长约有手指大小，为群体生活的甲壳类浮游动物，是很多须鲸爱吃的食物。

海洋哺乳动物：完全或主要生活在海里的哺乳动物，包括：海豹、海牛、鲸等。所有海洋哺乳动物都有肺部，必须浮上海面呼吸。

额 隆：许多齿鲸脑内的脂肪组织，声波经额隆控制后发射，以进行回声定位。

《白鲸》：美国小说家赫尔曼·梅尔维尔（Herman Melville）受到人类19世纪的捕鲸行为启发，写出白色抹香鲸"莫比·迪克"的小说故事。

齿 鲸：须鲸有鲸须，齿鲸则大多有锥状牙齿。抹香鲸、海豚和虎鲸皆属齿鲸。

浮 窥：这是很多鲸的典型行为，鲸将头部垂直伸出海面，重新潜入大海前会左顾右盼，环顾四周的情形。

迁 徙：鲸季节性的长途旅行。它们夏天会前往蕴含丰富食物的冰凉海域，尽情享受食物；冬天则来到较温暖的海域，进行交配和生育下一代。

内 容 提 要

你知道抹香鲸是怎样捕猎的吗？你见过座头鲸张开大嘴吞下无数沙丁鱼和磷虾的壮观场景吗？让孩子跟随本书的脚步，了解这些畅游于海洋中的哺乳动物。《德国少年儿童百科知识全书·珍藏版》是一套引进自德国的知名少儿科普读物，内容丰富、门类齐全，内容涉及自然、地理、动物、植物、天文、地质、科技、人文等多个学科领域。本书运用丰富而精美的图片、生动的实例和青少年能够理解的语言来解释复杂的科学现象，非常适合 7 岁以上的孩子阅读。全套图书系统地、全方位地介绍了各个门类的知识，书中体现出德国人严谨的逻辑思维方式，相信对拓宽孩子的知识视野将起到积极作用。

图书在版编目（CIP）数据

鲸和海豚 /（德）曼弗雷德·鲍尔著 ；张淑惠译
. -- 北京 ：航空工业出版社，2021.10（2024.2 重印）
（德国少年儿童百科知识全书 ：珍藏版）
ISBN 978-7-5165-2747-4

Ⅰ．①鲸… Ⅱ．①曼… ②张… Ⅲ．①鲸—少儿读物
②海豚—少儿读物 Ⅳ．① Q959.841-49

中国版本图书馆 CIP 数据核字（2021）第 196528 号

著作权合同登记号
图字 01-2021-4045

Wale und Delfine. Die sanften Riesen
By Dr. Manfred Baur
© 2013 TESSLOFF VERLAG, Nuremberg, Germany, www.tessloff.com
© 2021 Dolphin Media, Ltd., Wuhan, P.R. China
for this edition in the simplified Chinese language
本书中文简体字版权经德国 Tessloff 出版社授予海豚传媒股份有限
公司，由航空工业出版社独家出版发行。

鲸和海豚
Jing He Haitun

航空工业出版社出版发行
（北京市朝阳区京顺路 5 号曙光大厦 C 座四层 100028）
发行部电话：010-85672663 010-85672683
鹤山雅图仕印刷有限公司印刷　　　　　全国各地新华书店经售
2021 年 10 月第 1 版　　　　　　　　2024 年 2 月第 5 次印刷
开本：889×1194 1/16　　　　　　　字数：50 千字
印张：3.5　　　　　　　　　　　　　定价：35.00 元

船的故事
从技术角度讲故事

飞机的秘密
人类飞行的梦想

火山探秘
来自地底的火焰

七大奇迹
上古时期的宝藏

汽车世界
精彩的汽车发展史

鲨鱼家族
海洋里的倔强猎手

百变天气
阳光、风和暴雨

穿越大自然
探究与保护

鲸和海豚
海洋里的哺乳动物

恐龙王国
永远消失的谜样霸主

矿物与岩石
闪闪发亮的宝藏

爬行与两栖动物
蜥蜴、蜥蜴和青蛙

大自然的力量
难以估量的威力

改变世界的电
高电压与超导体

各种各样的鱼
水下的奇妙世界

猫的家族
拥有柔软脚爪的敏捷猎手

奇境森林
动植物的天堂

忠诚的狗
四只爪子的英雄

浩瀚宇宙
宇宙的秘密

狼的故事
走进凶野猎食者的生活

蚂蚁和白蚁
了不起的建筑师

美丽的蝴蝶
色彩斑斓的自然精灵

蜜蜂和胡蜂
美味的蜂蜜与可怕的毒针

潜水的魅力
潜入水下的迷人世界

古老的希腊文明
诸神、英雄和诗人

古罗马生活
古罗马城的社会历史

欧洲风情
人口、国家和文化

骑士时代
城堡、比武大会和贵族女性

舞动的音符
走进音乐的奇妙世界

古老的城堡
中世纪的见证

熊的秘密生活
棕熊、大熊猫、北极熊

化石档案
生命的痕迹

奇妙的昆虫
六条腿的生存艺术家

极地世界
生活在冰雪王国

神秘的蜘蛛
丝线上的猎手

大象王国
温和的"巨人"

海底宝藏
沉没的宝藏

海洋之谜
海洋研究与保护

火星登陆
红色星球定居计划

忙碌的农场
动物、植物与农业机械

时尚魅影
时尚的古与今

全球气候
冰期和气候变化